# 家中有個實驗室

## 大師級的簡易STEAM實驗

杰克・查隆納 著

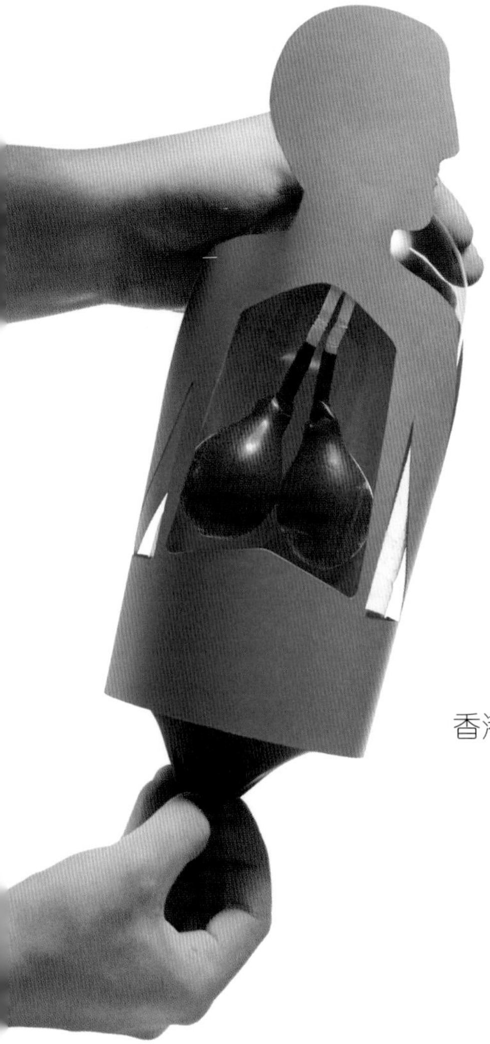

新雅・知識館


# 家中有個實驗室——大師級的簡易STEAM實驗

作者：杰克・查隆納（Jack Challoner）
翻譯：張碧嘉
責任編輯：陳奕祺
美術設計：張思婷

出版：新雅文化事業有限公司
香港英皇道499號北角工業大廈18樓
電話：（852）2138 7998
傳真：（852）2597 4003
網址：http://www.sunya.com.hk
電郵：marketing@sunya.com.hk

發行：香港聯合書刊物流有限公司
香港荃灣德士古道220-248號荃灣工業中心16樓
電話：（852）2150 2100
傳真：（852）2407 3062
電郵：info@suplogistics.com.hk

版次：二〇二三年六月初版

ISBN:978-962-08-8135-0
Original Title: *Home Lab: Exciting Experiments for Budding Scientists*

18/F, North Point Industrial Building, 499 King's Road, Hong Kong
Published in Hong Kong SAR, China
Printed in China

**For the curious**
www.dk.com

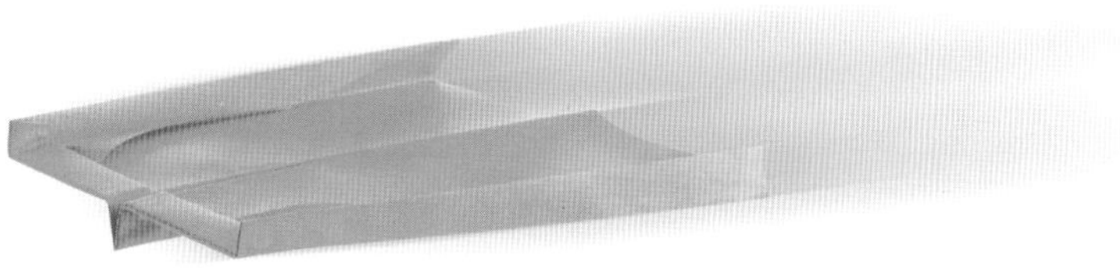

# 家中有個實驗室

## 大師級的簡易STEAM實驗

杰克・查隆納 著

新雅文化事業有限公司
www.sunya.com.hk

# 目錄

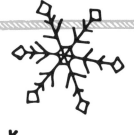

# 推薦序

二十世紀著名教育學家杜威（Dewey）提出的經驗哲學，早已鼓勵學生動手操作，提出兒童「從做中學」（learning by doing）具有良好的記憶效果，是有效的學習方法。近年來世界各地政府包括香港，均在中、小學積極推行STEM或STEAM教育，美國國家科學委員會（2010）明確指出，STEAM教學最有效的方法，就是兒童自己動手操作、解決非結構化的問題和實行探究式學習。

筆者率先閱讀《家中有個實驗室──大師級的簡易STEAM實驗》，甚感驚喜，此書並非坊間一般科學圖書所能及。書中內容涵蓋科學技術各個範疇的動手活動，物理的課題包括萬花筒、紙飛機、肥皂動力小船；化學的課題包括隱形墨水、檸檬電池組、結晶棒棒糖、鐘乳石、夢幻沐浴球、藍曬畫；生物的課題包括膠樽裏的雨林、逃離迷宮的植物；工程的課題包括氣球火箭車、雪條棒橋樑，內容非常豐富。

本書有以下三項特色：一、所有動手實驗用品，全部可到社區日用品商店購買，或在家中就地取材，十分方便；二、所有動手活動的各個步驟，圖文並茂，一目了然，兒童可以參考書中介紹，按部就班進行動手操作，甚至運用創意自行改良研究；三、所有動手活動都輔以專文解說，深

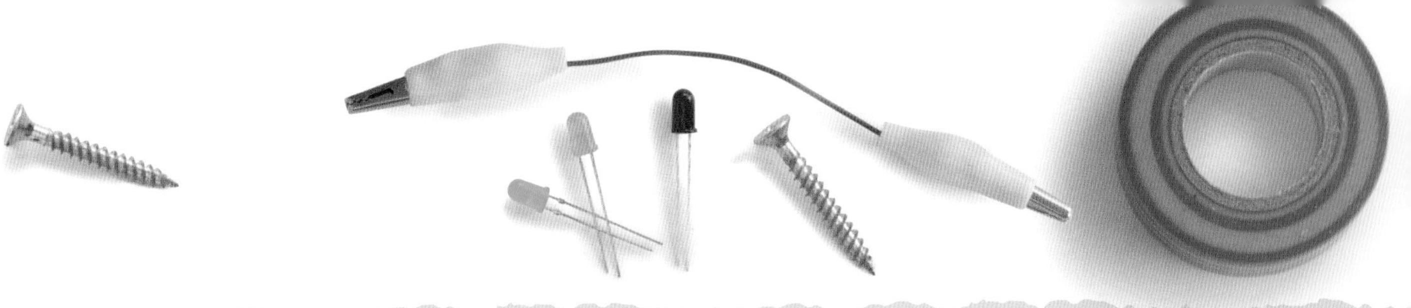

入淺出地解釋箇中的科學原理，讓兒童透過參與動手活動，能夠改變其固有的迷思概念，從而建立正確的科學概念。

綜合有關兒童學習興趣理論的研究文獻，能夠提升兒童學習興趣的活動應該至少有以下一項特徵：一、引自哈貝馬斯（Habermas），該活動能夠讓學生認識自然科學的因果或理論關係，從而獲得「經驗──分析」的科學技術知識；二、引自德西（Deci），該活動能讓學生自主進行一些延伸發展，可滿足其個別需求，並覺得饒有意義；三、引自契克森米哈伊（Csikszentmihalyi），該活動能夠讓學生運用創意，進行可以滿足其「自我實現需求」。於是筆者把上述三項特徵作為分析框架，檢視本書的動手活動，發現所有動手活動皆具備至少其中一項特徵。

當年意大利的科學家伽利略在比薩斜塔進行自由落體實驗，開啟了近代實驗科學的大門。筆者誠意推薦本書給各位對科學及動手STEAM活動有興趣的兒童及父母，依照書中實驗活動，在家中進行親子實驗，帶領兒童像伽利略般透過動手實驗，展開科學旅程的第一步。

香港STEAM教育學會
常務理事
**梁添博士**

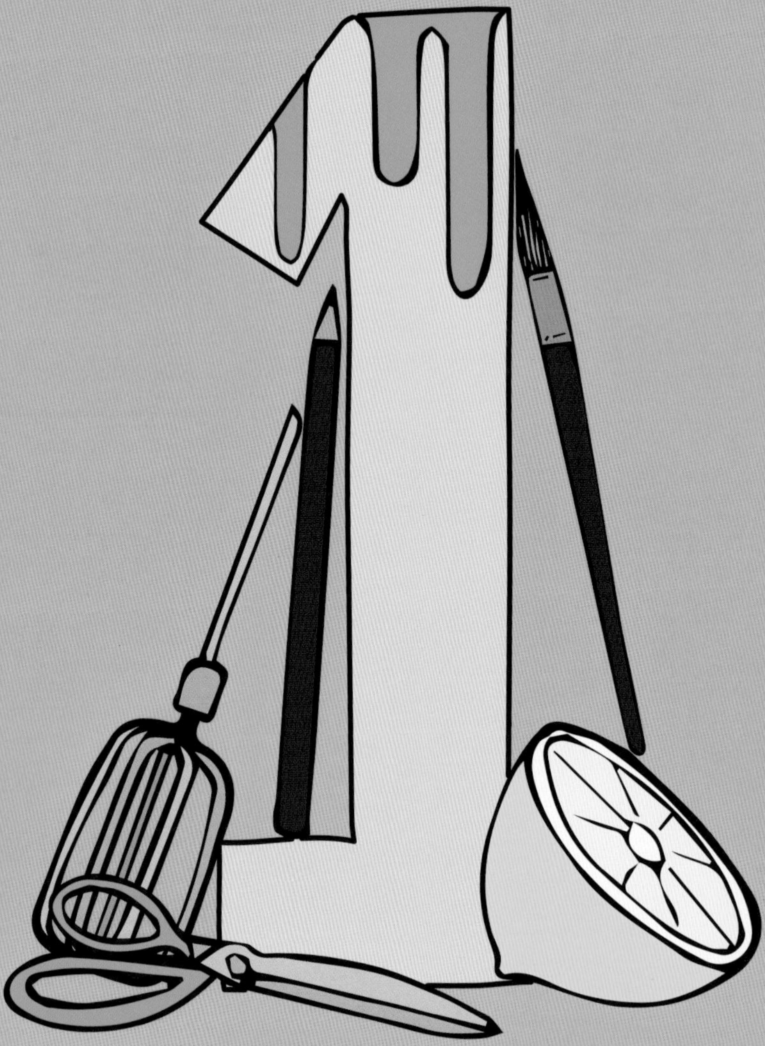

# 食物狂想曲

廚房是一個學習科學的好地方。這一章所做的實驗，會運用到在廚櫃、雪櫃，甚至水果盤裏的食物。你會認識到怎樣種出熠熠生輝的水晶；如何在高温的焗爐裏保持食物冰冷；怎樣利用食物發電。有些實驗還能做出美味可口的小吃，可以盡情跟朋友分享，而且這些實驗都很精彩，能刺激思維呢！

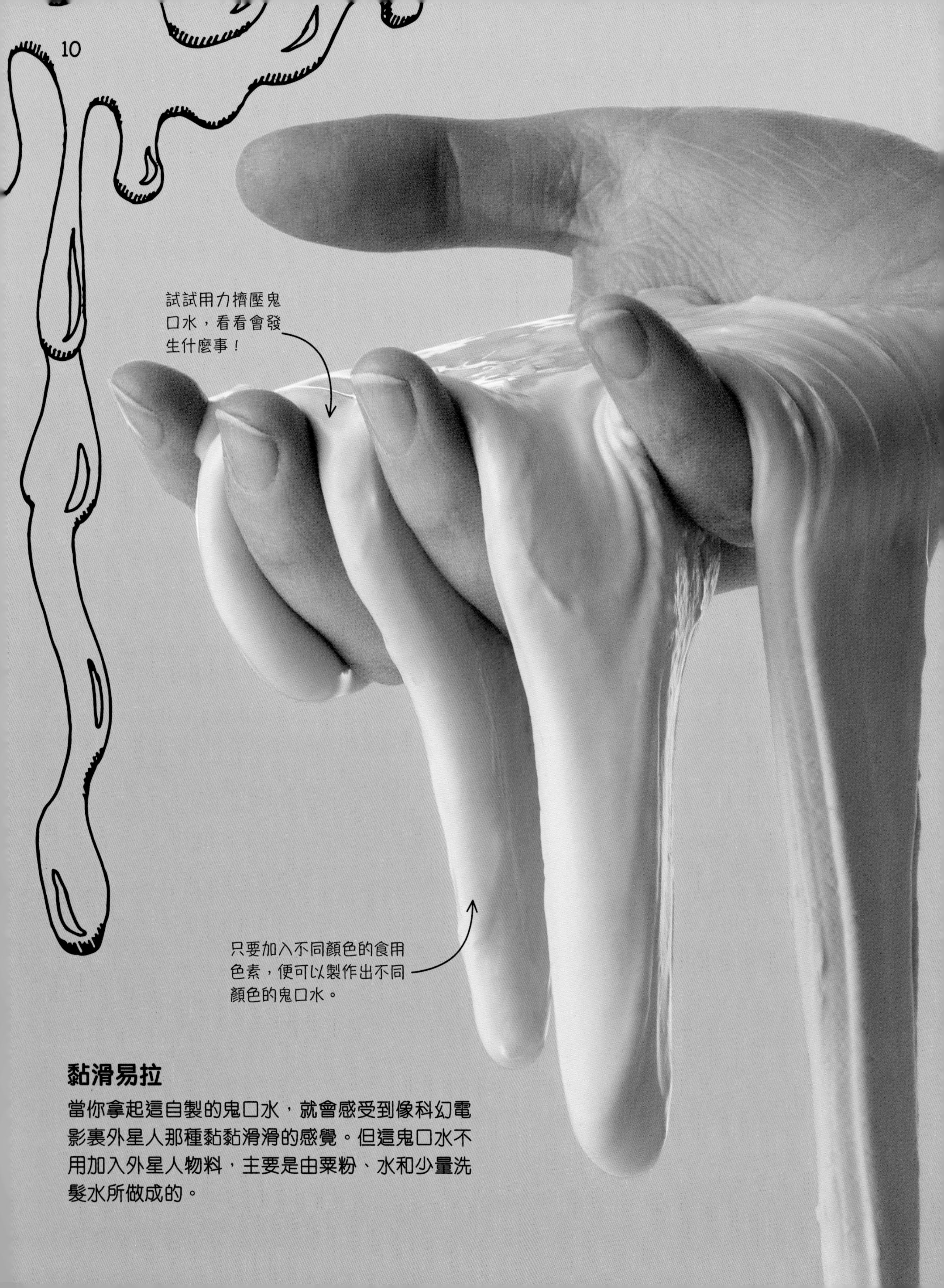

試試用力擠壓鬼口水，看看會發生什麼事！
只要加入不同顏色的食用色素，便可以製作出不同顏色的鬼口水。

## 黏滑易拉

當你拿起這自製的鬼口水，就會感受到像科幻電影裏外星人那種黏黏滑滑的感覺。但這鬼口水不用加入外星人物料，主要是由粟粉、水和少量洗髮水所做成的。

# 鬼口水

黏黏滑滑的鬼口水，既容易製造，也很好玩，還有種奇異的特性。將鬼口水放在手上，你覺得這是固體還是液體？不肯定嗎？這很難怪，因為拿上手的話，鬼口水會像濃稠的液體在指間滑過，但如果用力擠壓，質感又像是固體。信不信由你，這種黏糊糊的物質雖然像固體，但實質上是液體。小心別弄得一團糟啊！

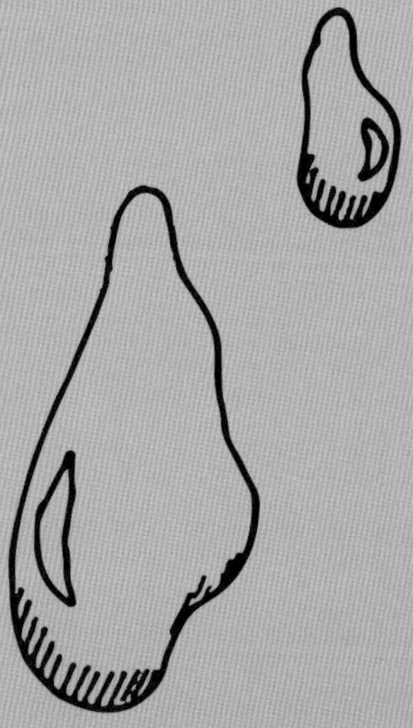

# 如何製作鬼口水？

為免把四周弄得有點髒，可以先鋪上隔油紙，以防鬼口水濺出。如果想鬼口水黏稠一點，可以使用溫水，但千萬不要用燒滾的熱水，以免燙傷。遊玩後要洗手，避免把鬼口水沾到家具上；雖然它不含有毒成分，但也不要放入口中。

**需時**
20分鐘

**難易度**
中等

**實驗工具：**

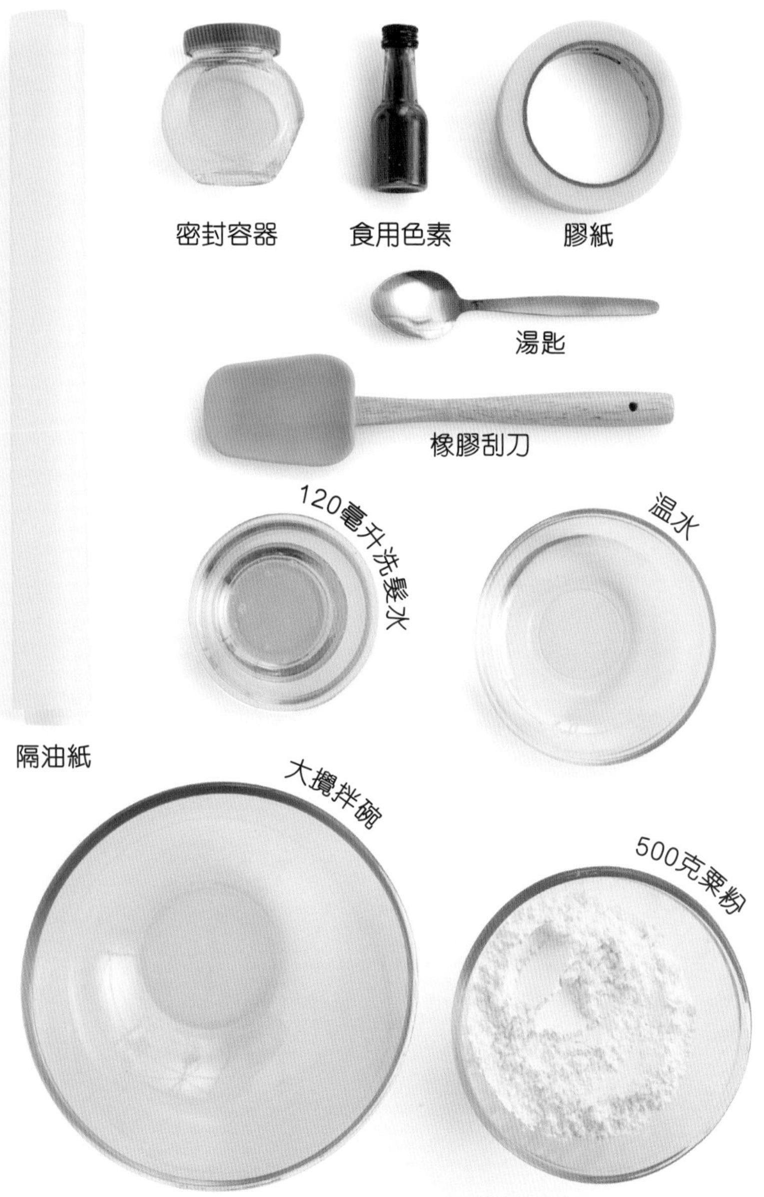

1 先在枱面鋪上隔油紙，用膠紙固定位置。將適量食用色素倒入大攪拌碗中，加入洗髮水。留意洗髮水的流動有多緩慢，這種黏稠性質稱為「黏度」。

2 將粟粉加入大攪拌碗中，並用橡膠刮刀拌勻。最初攪拌時會有點困難，因為粟粉多而液體少，但下一步加入較多液體後會有改善。

3 加入幾湯匙溫水，用橡膠刮刀把水和粟粉拌勻。水會令粟粉中的澱粉膨脹，水和粟粉便會黏結在一起，形成黏滑的混合物。

4 混合物成為黏稠的一團。拿起來揉搓，會感受到那黏滑的質感！但如果捶打或用力擠壓，它的黏度卻會大大提升，堅硬如固體。

5 擠壓、捶打或砸向枱面，鬼口水會變成固體；但只要你停下來，它又會變回液體。如果將鬼口水放進密封的容器裏，可以妥善保存約一個月。

# 運作原理

分子是化合物裏最小的單位。澱粉分子遇水起反應，令鬼口水產生黏度。只要分子有空間活動，鬼口水就可保持液態。相反，突然施加壓力會令分子撞在一起，令鬼口水變硬，沒法流動。

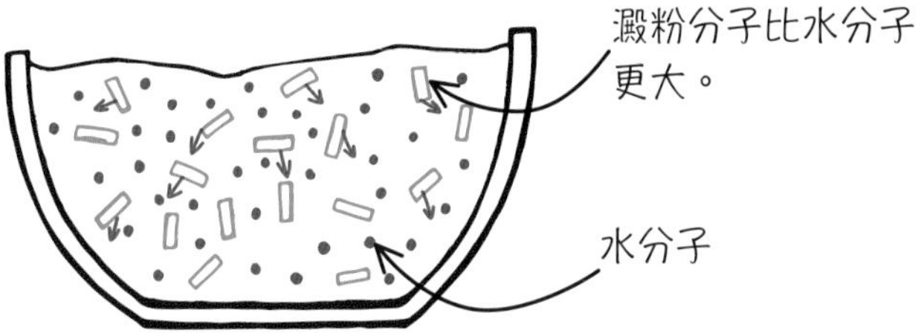
澱粉分子比水分子更大。
水分子

## 沒有壓力下

只是輕輕拿着鬼口水而不用力擠壓，澱粉分子就能自由活動，懸浮在水裏。這時，鬼口水是濃稠而緩慢流動的液體。

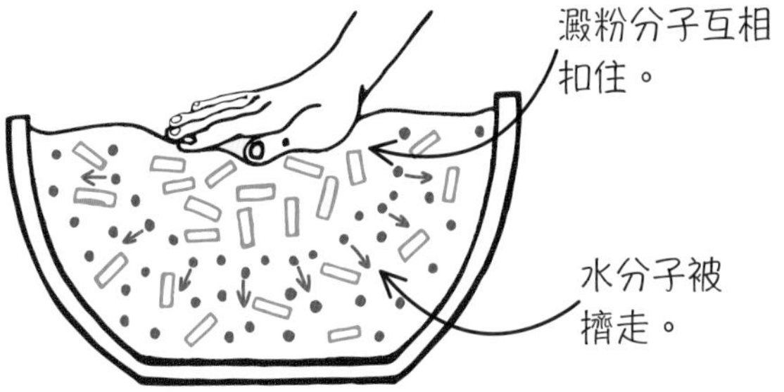
澱粉分子互相扣住。
水分子被擠走。

## 施加壓力下

如果用力擠壓鬼口水，就會將澱粉分子之間的水分子擠壓出來，令澱粉分子互相扣住，鬼口水就會變得堅硬。

# 現實中的科學

## 流沙

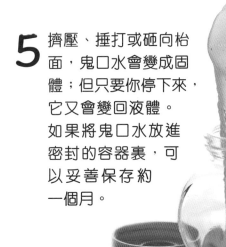

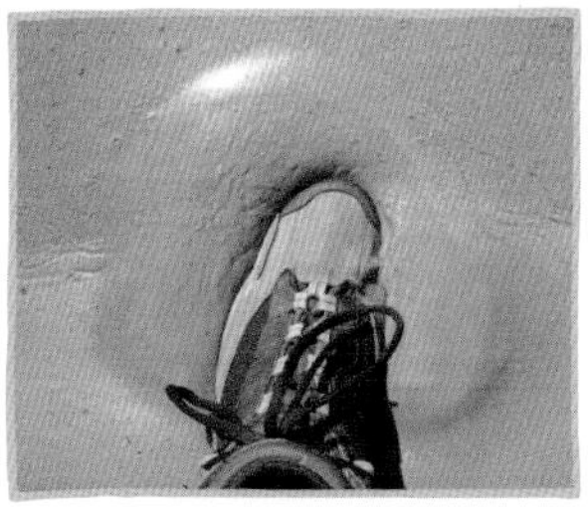

這種黏度會因應壓力而改變的液體，稱為「非牛頓流體」。有些非牛頓流體會像鬼口水般變得堅硬如固體，有些則變成流動的液態，如流沙（沙、泥和水的混合物）。如果你陷入了流沙，越掙扎便下沉得越快。

# 隱形墨水

如果你要書寫隱藏信息或繪畫秘密的藏寶圖，隱形墨水就大派用場了。其中一個容易獲得又有效的隱形墨水，就是檸檬汁了。用檸檬汁在白紙上寫下信息，待檸檬汁乾透，信息便會消失；但只要加熱，信息就能重現眼前！

將隱形墨水放入容器裏保存。
可以用畫筆和棉花棒來蘸隱形墨水。

紙張加熱後，之前用
檸檬汁畫的線條會呈
深啡色。

## 隱藏的地圖

這幅地圖是用檸檬汁畫在白紙上的。原本空白一片的畫紙，直到放入焗爐裏烤焗才現出筆跡。熱力對吸收了檸檬汁的紙張產生化學反應，令無色的線條呈現深啡色，這樣你便能看見地圖了。

# 如何製作隱形墨水？

實驗中的墨水是檸檬汁，待檸檬汁乾透後，就會變成隱形！要令隱形的信息或地圖現形，就要將紙張放進高温的焗爐。這部分必須由大人處理，而且要跟從建議的温度設定（200℃），因為如果太熱，紙張便會燃燒起來。

**需時**
45分鐘

**難易度**
中等

**警告**
焗爐很熱！務必由大人處理。

**實驗工具：**

另外，你也需要焗爐。

1 將檸檬切半，榨出檸檬汁到小碗。取到足夠檸檬汁後洗手，再抹乾雙手。

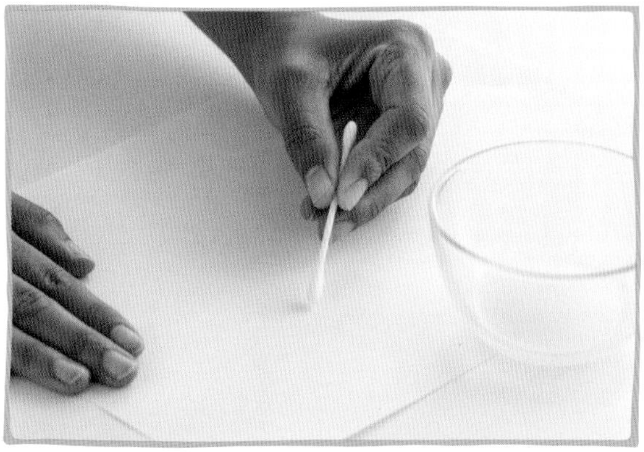

2 用棉花棒蘸上檸檬汁，在紙上寫下信息或繪畫。起初，你會看見你畫的東西，但隨着檸檬汁乾透後，信息便會隱形。

**3** 請大人先預熱焗爐，把溫度設定為200℃。預熱後，將紙張放在烤盤上，戴上隔熱手套把烤盤放進焗爐。

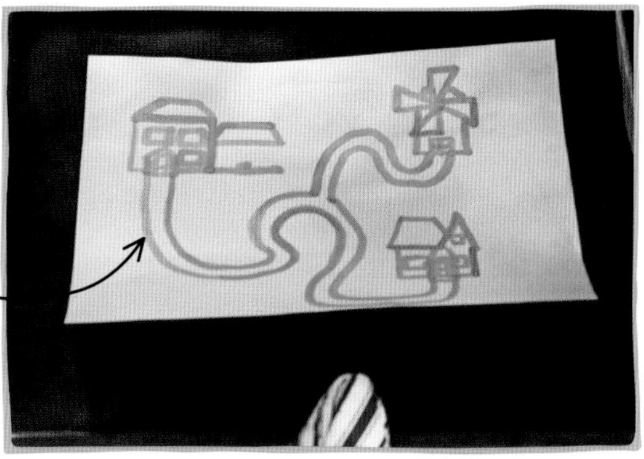
隱藏的信息
原來是一幅
秘密地圖！

**4** 半小時後，你畫下的隱形信息便會呈現出來。請大人戴上隔熱手套，取出烤盤，放在隔熱墊子上降溫。

**5** 待烤盤冷卻後可以拿起紙張，紙張可能有點脆，因焗爐的熱力抽乾了紙張的水分，而紙張的邊緣也可能有焦燶的痕跡，因這部分特別受熱。

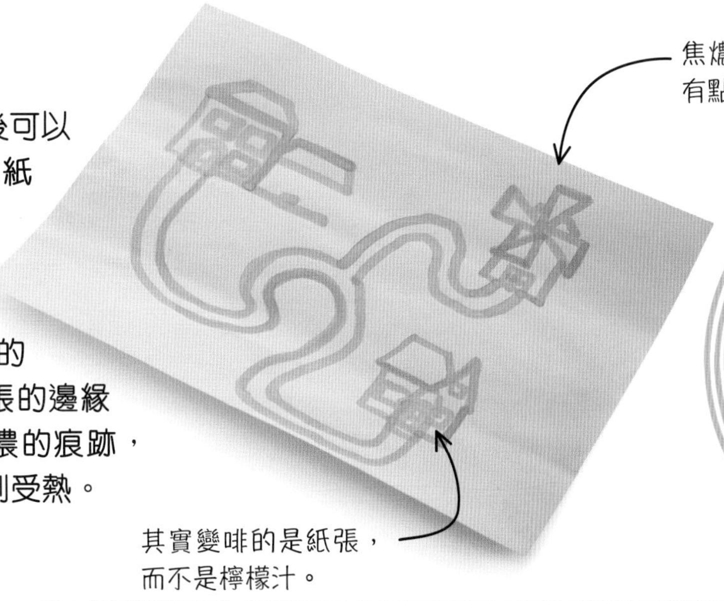
焦燶的痕跡讓紙張看起來
有點古舊。
其實變啡的是紙張，
而不是檸檬汁。

**紙張會隨着時間自然地變啡，而檸檬汁和熱力加快了這個過程。**

## 運作原理

紙張是由纖維素這種化合物所組成的。每個大分子的纖維素，都由數千個連在一起的細小葡萄糖分子組成。檸檬汁裏的檸檬酸會漸漸削弱葡萄糖分子之間的連結，令部分葡萄糖分子分離出來。當紙張加熱超過170℃，這些自由的分子便會發生稱為焦糖化的化學反應，產生出新的啡色化合物，那便是紙張上可見的信息。

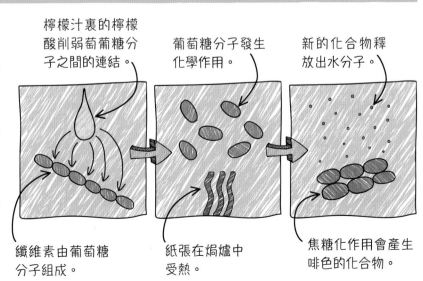

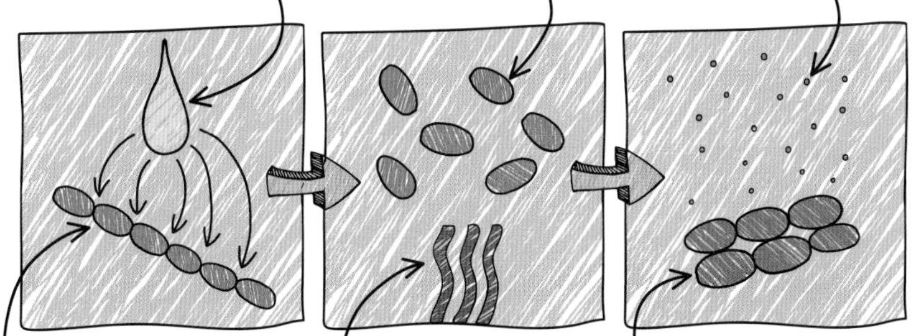
檸檬汁裏的檸檬
酸削弱葡萄糖分
子之間的連結。
葡萄糖分子發生
化學作用。
新的化合物釋
放出水分子。
纖維素由葡萄糖
分子組成。
紙張在焗爐中
受熱。
焦糖化作用會產生
啡色的化合物。

# 耐熱的火焰雪山

　　將雪糕直接放進熱騰騰的焗爐裏，幾分鐘內便會全然熔化。不過，火焰雪山卻不會這樣！這款甜品不但美味，還能讓我們了解熱傳遞的科學知識。一般實驗品都不能放入口中，但火焰雪山卻是例外，還可跟朋友分享！

## 內冷外熱

沒錯，你真的可以將雪糕放入焗爐，只要以一些不良導熱體來包裹雪糕就可以了。這些不良導熱體稱為熱絕緣體，火焰雪山裏有這兩種熱絕緣體：蛋白霜和蛋糕。

外層輕盈鬆軟的
蛋白霜，出乎意
料地很能隔熱。
這次實驗用了朱古力
蛋糕，但你可以選擇
任何喜歡的口味。

# 如何製作火焰雪山？

這個實驗不會太繁複，但你要在當廚師的同時，也當個科學家。你需要運用到廚房的用具，而使到焗爐時，記得請大人幫忙。你可以買一個現成的蛋糕做蛋糕底，或邀請大人一起動手做。開始前，將雪糕從冰箱取出來，讓它軟化約20分鐘。處理食物前記得要先洗手啊！

**難易度**
困難

**需時**
45分鐘加
等候時間

**警告**
焗爐很熱！
請大人從旁
指導並代為
處理。

**實驗工具：**

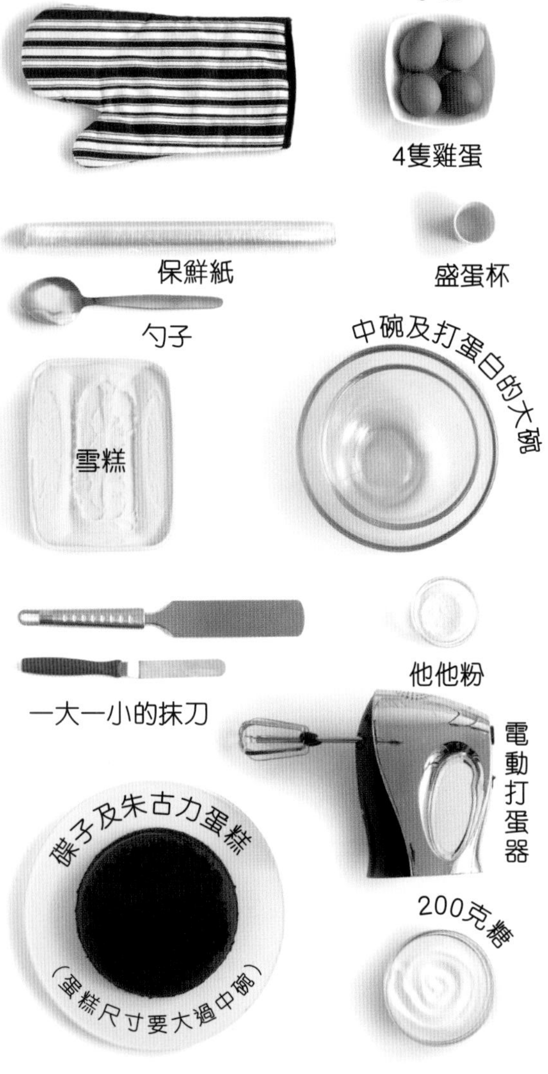


另外，你也需要焗爐。

保鮮紙有摺痕的話也不要緊。

**1** 首先在中碗內鋪兩層保鮮紙，並要預留足夠的保鮮紙延伸到碗外，因為稍後你要利用碗外的保鮮紙，拿起即將放入碗內的雪糕。

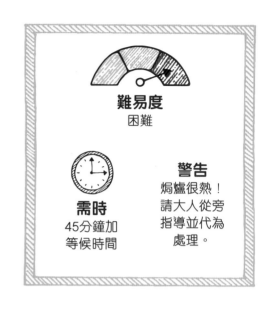

如果雪糕仍然很硬，很難取出，可以再等幾分鐘。

**2** 用勺子取出雪糕放進碗裏，填至三分之二滿，並用勺子的底部壓平雪糕。把雪糕放進冰箱，冷藏約至少1小時。

3 將焗爐預熱至230℃。然後，開始做蛋白霜，首先將蛋打進小碗。如果有蛋殼跌入其中就要取走，但不要弄破蛋黃，也不要滴進水。

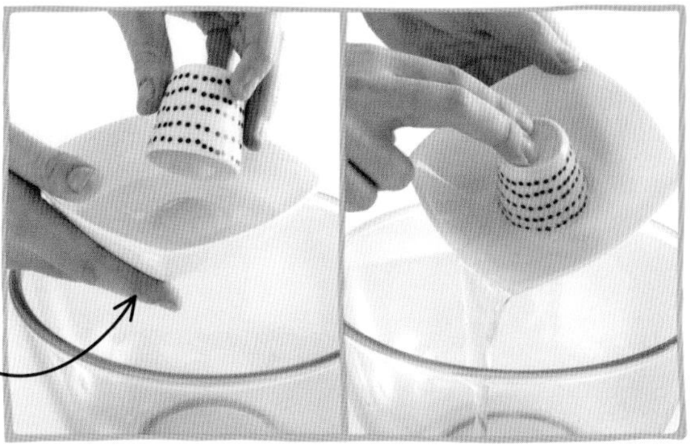

分離蛋白時要拿穩小碗子。你也可以用分蛋器分離蛋白、蛋黃。

4 由於製作蛋白霜只需要使用蛋白，不需要蛋黃，故此可用盛蛋杯蓋住蛋黃並取走，然後將蛋白倒進攪拌碗中。另外3隻蛋做法一樣，過程中不要弄破蛋黃。

5 高速攪拌蛋白，直至起泡，然後加入半茶匙他他粉，繼續攪拌蛋白。當蛋白慢慢變得稠密，可以把糖加進蛋白中，再啟動打蛋器。

使用打蛋器時，要確保雙手乾爽，用完後也記得要將電掣拔出。

6 當蛋白變得挺身及光亮，便可停下來檢查蛋白狀態。如果留在攪拌棒的蛋白呈尖頂形狀，就表示蛋白霜已完成。之後請大人幫忙清洗攪拌棒。

如果成功，提起攪拌棒時，蛋白會形成一個尖頂。

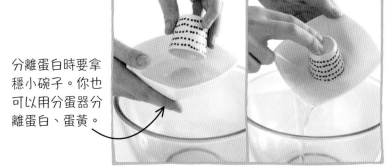

7 從冰箱取出雪糕。輕輕拉起保鮮紙，將雪糕從碗中取出，並反轉放在蛋糕上。確保雪糕沒有超出蛋糕的邊界，小心地移除保鮮紙。

蛋白霜要完全覆蓋雪糕和蛋糕，不要留有空隙。

8 這個步驟要迅速而小心地進行！找大人幫助，用抹刀將蛋白霜覆蓋雪糕和蛋糕，然後戴上隔熱手套，將它放進焗爐，焗大約3分鐘或外層呈現啡色。

9 火焰雪山焗好了！碟子很熱的，一定要請大人幫忙戴上隔熱手套取出，放在隔熱墊子上。等待約1分鐘，就可以開始品嘗！

從焗爐取出蛋糕時，蛋白霜非常熱。

裏面的雪糕卻仍然冰凍！

蛋糕底減慢了高溫碟子與雪糕之間的熱傳遞。

10 最期待的一刻出現了！切開火焰雪山，就能看見奇妙的景象：雖然蛋糕放進過高溫的焗爐，外面熱騰騰，但裏面的雪糕仍然又冷又硬！邀請家人和朋友一同分享這神奇美食吧！

## 延伸實驗

除了蛋糕，你還可以選用餅乾，製作出迷你火焰雪山。由於餅乾比蛋糕薄，塗上的蛋白霜會因而變薄，相對減低了雪糕在焗爐中的隔熱效果。然而，焗蛋白的時間也會減少，這樣餅乾版的火焰雪山便不會那麼快熔化了！

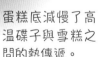

## 運作原理

蛋白主要由水、少許溶解的糖，以及蛋白質（主要為清蛋白）的長分子組成。清蛋白在自然狀態下呈捲狀，但攪拌蛋白會讓原本捲着的分子展開。然後，這些分子重新組合，其中會夾雜一些細小的空氣氣泡。空氣是不良的導熱體，熱穿過空氣時會傳遞得很慢。所以烤焗時，即使火焰雪山的表面很快已烤熱了，但熱要穿過蛋白霜中的空氣傳到雪糕，則需要較長時間。

**這道甜品叫火焰雪山，正因為它外熱內冷的獨特處。**

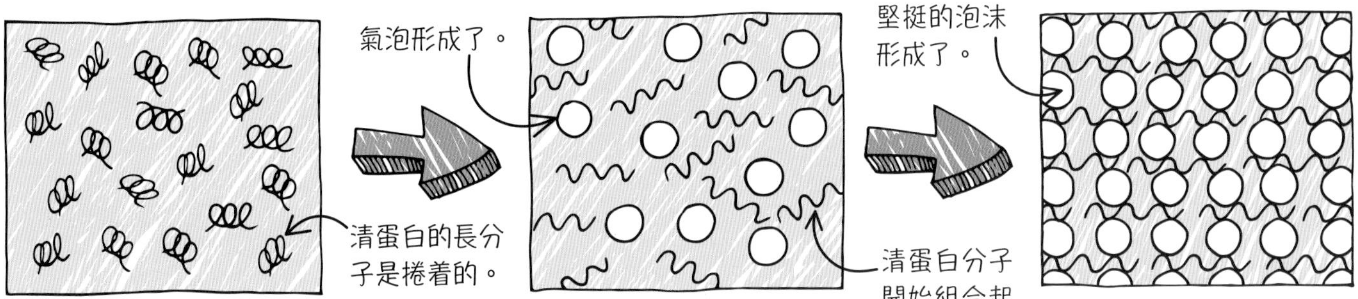

氣泡形成了。
堅挺的泡沫形成了。
清蛋白的長分子是捲着的。
清蛋白分子開始組合起來。

蛋白的成分有90%水和10%蛋白質，而蛋白質會令蛋白變得黏稠。

攪拌蛋白會令捲着的清蛋白分子鬆開，並產生無數細小氣泡。

清蛋白分子重新組合，並困住了氣泡。蛋白霜加熱後，會變得堅硬及變成啡色。

## 現實世界的的科學

### 不可思議的冰屋

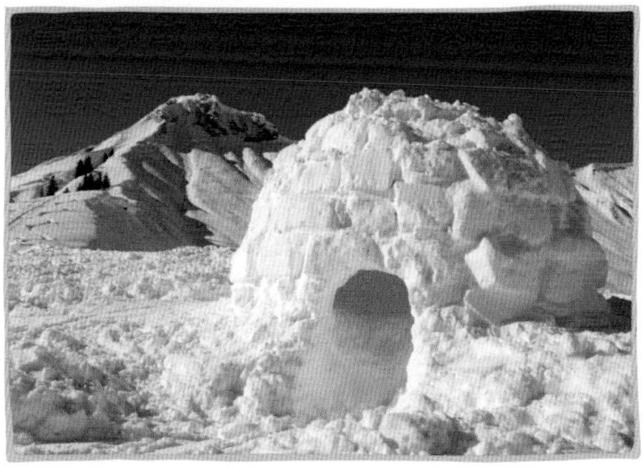

雪含有許多被困住的空氣，是很有效的熱絕緣體，一塊雪磚的空氣含量可以高達95%，因此人們可以在由雪磚砌成的冰屋裏居住和保暖。冰屋是加拿大北部、阿拉斯加和格陵蘭的傳統建築。

### 保暖

人體的熱會令冰屋裏的空氣變暖，而雪會阻隔熱的流失。如今的冰屋主要由探險家或登山者使用，如遇上暴風雪，可以待在冰屋裏保命。

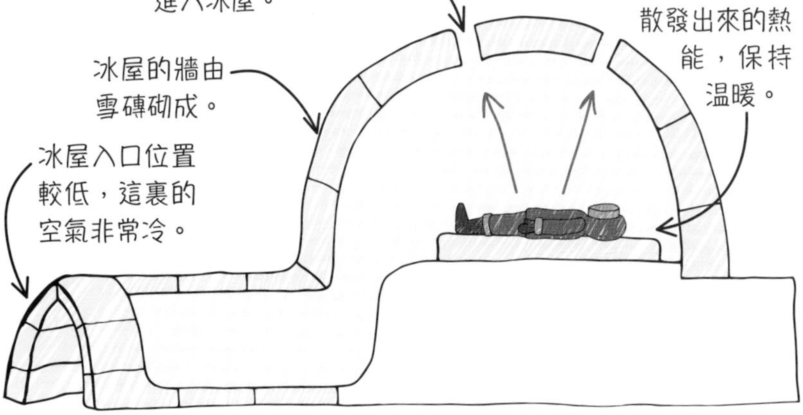

新鮮空氣從通風口進入冰屋。
當人睡在由雪磚砌成的高台時，雪磚能困住人體散發出來的熱能，保持溫暖。
冰屋的牆由雪磚砌成。
冰屋入口位置較低，這裏的空氣非常冷。

# 怪獸棉花糖

　　廚房要發生大事了！如果你喜歡吃棉花糖，肯定也會喜歡這個實驗，因為這個實驗可以將一顆顆軟綿綿的棉花糖，變成一個巨大的甜點！你會見證棉花糖膨脹的過程，就像焗爐裏的麪包或蛋糕會變大，不過棉花糖的速度要快得多。只需要微波爐，等候30秒，就大功告成。這個實驗簡單又好玩，你肯定會想重複再做。開始之前，記得先買一大包棉花糖，然後準備見證這個驚喜時刻吧！

這次實驗的主角
是糖果！
可以製作不同顏色
的怪獸棉花糖。

## 充滿熱空氣

怪獸棉花糖並不可怕，它會膨脹，是因為裏面有許多熱空氣。記得留意每次從微波爐取出來的棉花糖，都是非常燙手和黏手的，必須先戴上隔熱手套。

一經加熱，棉花糖
就會迅速膨脹。
碟子在微波爐裏
轉動，令棉花糖
均勻受熱。

# 如何製作怪獸棉花糖？

這個實驗快捷簡單又好玩。你只需要微波爐、棉花糖和可放進微波爐的碟子就能進行。棉花糖不能加熱太久，否則它會變成啡色、味道變差，甚至熔化。從微波爐取出棉花糖後，記得先讓它冷卻大約1分鐘才吃，否則進食時會燙傷啊！

**需時**
3分鐘

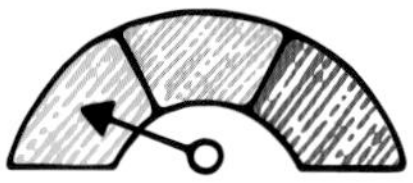

**難易度**
容易

**警告**
使用微波爐前，務必詢問大人，並戴上隔熱手套。

**實驗工具：**

棉花糖以及
可放進微波爐的碟子

另外，你也需要微波爐。

1 將棉花糖放在碟子上，放進微波爐。微波是一種看不見的輻射，可以迅速加熱東西，包括棉花糖。

2 關上爐門，設定30秒，啟動微波爐。高能量的微波在爐中來回反射，令棉花糖表面不停吸收微波的能量，並傳到其內部的空氣。

3 你可站後一點，透過爐門看着棉花糖的變化。經過大約15秒後，棉花糖就會開始變大！

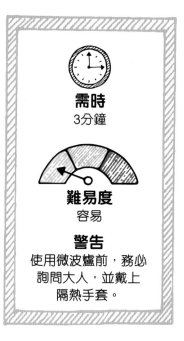

4 完成後，小心取出碟子，要留意這時棉花糖是很熱的！如果把實驗時間由30秒改為1分鐘，你猜猜會發生什麼事？

## 延伸實驗

你還可以嘗試以下又快又黏的延伸實驗。不過，因為棉花糖會變得很熱，必須有大人從旁協助！

**1** 將小棉花糖在可放進微波爐的碟子上堆成小金字塔。花點時間慢慢將外形砌好。

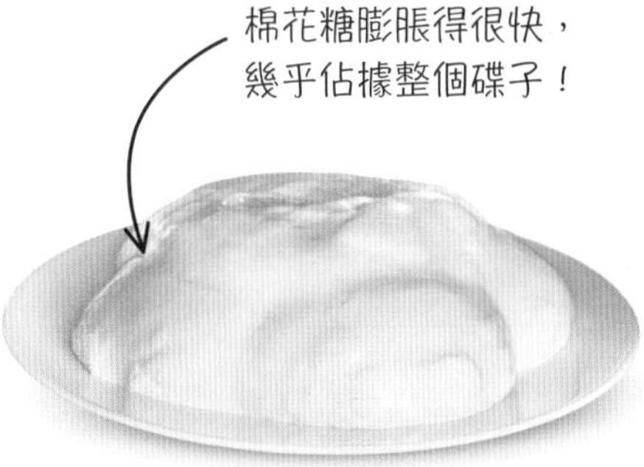

棉花糖膨脹得很快，
幾乎佔據整個碟子！

**2** 設定加熱時間為30秒，按「開始」，看着棉花糖結合成一大塊，膨脹得更大。

**3** 時間到了，再加熱30秒，如今棉花糖怎樣了？沒錯，它變成一碟熱騰騰、黏糊糊的液體！

## 運作原理

棉花糖氣泡內的空氣粒子會四方八面高速移動，不停撞擊氣泡的內壁表面。當啟動微波爐，溫度上升，把棉花糖氣泡內的空氣加熱，受熱的空氣粒子會以更高速撞擊氣泡的內壁表面，氣壓增加，令氣泡膨脹變大，結果令整個棉花糖的體積增加，變得巨大。

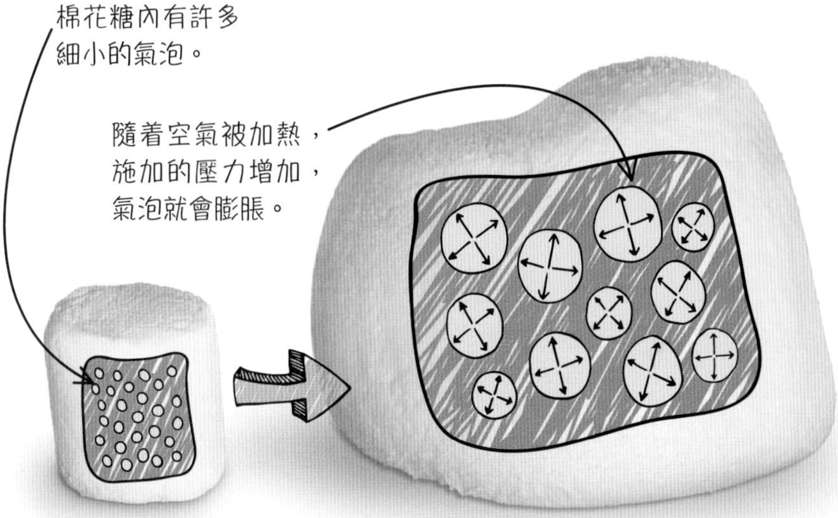

棉花糖內有許多
細小的氣泡。
隨着空氣被加熱，
施加的壓力增加，
氣泡就會膨脹。

未加熱的棉花糖，裏面的氣泡比較細小和穩定。

一經加熱，裏面的氣泡很快膨脹，推向棉花糖柔軟的內壁。

## 現實中的科學

### 入口即熔

棉花糖裏有一種稱為明膠的增稠劑，明膠在人體稍低的溫度（37℃）就會熔化，所以棉花糖才會「入口即熔」。棉花糖熔點低的特性，對這個實驗而言很重要，因為棉花糖加熱後會變得柔軟，令它們更容易膨脹。

朱古力是另一種會在口中熔化的甜食，製造朱古力的廠商需要小心調節秘方，確保朱古力能在舌頭上熔化開來。

# 結晶棒棒糖

你相信自己可以種出棒棒糖嗎？在這個有趣的實驗中，你可以創造出顏色美麗又美味可口的糖果。當無數細小的糖分子黏在一起，並長成閃閃發光的晶體，漂亮的棒棒糖便誕生了。棒棒糖要長成適合食用的大小，可能需要1星期，但這是值得等待的！

### 特別的甜點

吃太多糖有害健康，並容易引致蛀牙，但偶然吃一點還是可以的。這實驗的棒棒糖是檸檬味的，你也可以加入不同的自然食材來為棒棒糖上色。

較大的糖晶體需要幾天才能長成。
可以用竹簽來當棒棒糖的棒。

用不同的食用色素
來點綴棒棒糖。

# 如何製作結晶棒棒糖？

這個實驗並不複雜，但需要一點耐性，因為晶體要起碼幾天才能長出來。實驗需要一鍋接近沸騰的糖溶液，這個步驟不妨找一位大人幫忙吧。如果量度材料的步驟有困難，也可以請大人協助。實驗中的糖溶液應該可以做出幾枝棒棒糖。

**需時**
20分鐘，另加1星期時間等待結晶成長

**難易度**
容易

**警告**
必須在大人陪同下進行，因為實驗會使用煮食爐和熱水

**實驗工具：**

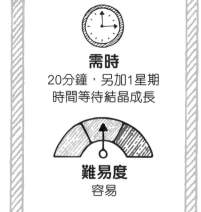

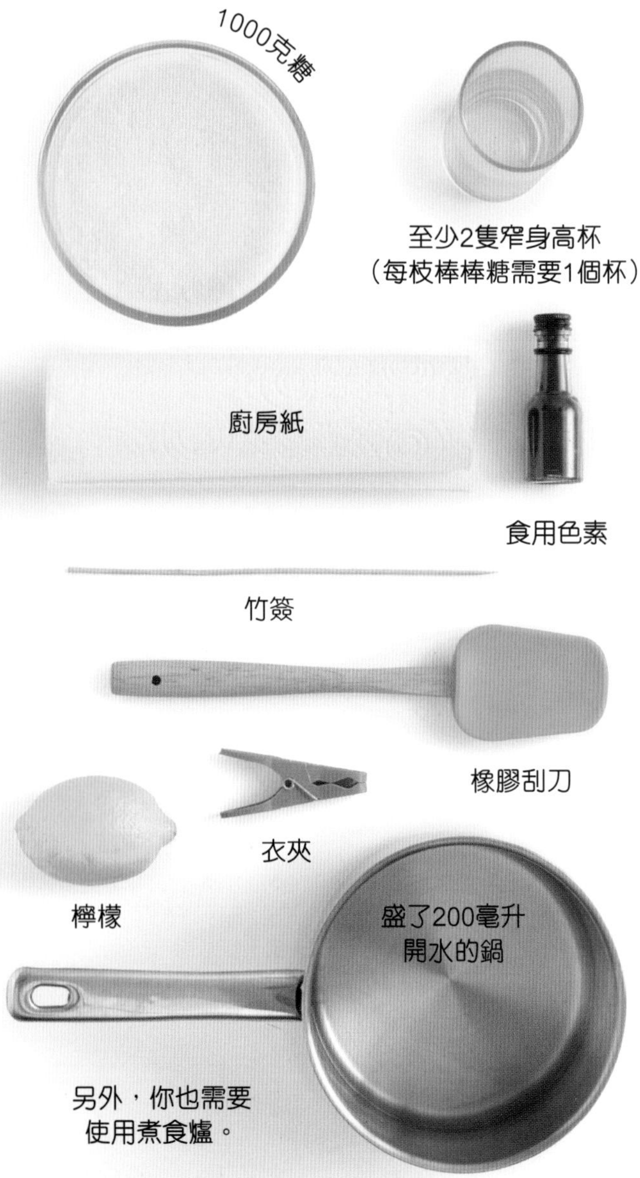


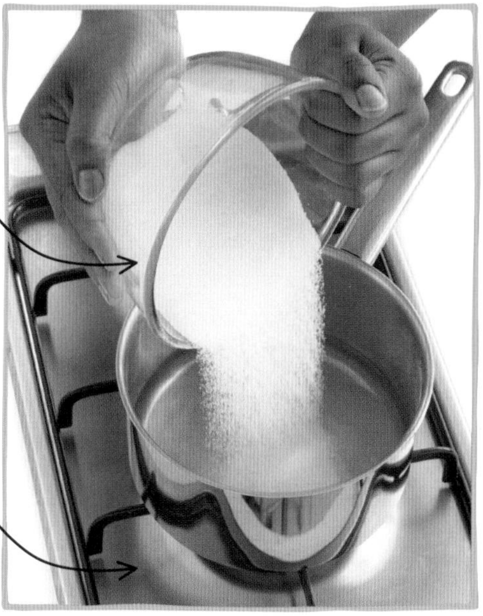


**1** 這個實驗的竅門，就是把大量糖溶入少量水中，讓晶體在高濃度的糖溶液中生長。在鍋中注入200毫升水，加入800克糖。然後請大人把鍋置於煮食爐上，並開大火。

（以下步驟涉及明火燒水，必須由大人處理！）

**2** 當水開始變熱，用橡膠刮刀輕輕攪拌，小心別讓熱水濺出。不久後，糖就會溶於水，請保持攪拌。

**3** 繼續煮約3分鐘，盡量令糖水保持高溫而不要沸騰。如果糖水表面起泡，便下調火力。幾分鐘後，就會有一煲糖漿，可以關火。

**4** 在糖溶液冷卻之際，慢慢加入大約10滴食用色素。把檸檬切開一半後擠壓，在糖溶液中加入檸檬汁，令味道變得清新。然後拌勻糖溶液。

糖粒給晶體提供絕佳的生長表面。

**這個分量的糖溶液可以製作幾枝棒棒糖。**

**5** 同一時間，用乾淨的杯盛放餘下的糖。弄濕半枝竹簽，將濕的部分插進糖裏，糖粒會黏住竹簽，有助晶體在上面生長。每枝棒棒糖都需要一枝竹簽。

**6** 10分鐘後，把冷卻了不少的糖溶液倒進杯子，注意過熱的水會令玻璃杯爆裂！如果想多做幾枝棒棒糖，就將糖溶液倒進多幾個杯子裏。

7 將步驟5中，竹簽沾有糖粒的那端放進糖溶液，用衣夾固定位置，不要讓竹簽碰到杯子底部。溶液中的糖分子會黏到糖粒上。

8 糖溶液不易變壞，因為細菌很難在高濃度的糖溶液裏生存。但你需要用廚房紙，穿過竹簽蓋住水杯，來防止沙塵和小蟲沾水。

9 將杯子放在安全的地方，靜置數天，每天檢查糖晶體的生長情況。如果溶液表面有一層糖，只需要輕輕戳破後拿走便可。

10 當棒棒糖生長得粗大，就可以拿起來。等竹簽風乾後，便可品嘗了。此外，你還可以把它包起來，當作禮物送給朋友。

成了形的棒棒糖要包好，或放進雪櫃，才能保持新鮮。

## 延伸實驗

除了美味的糖果，你還可以用沒加進食物色素的糖溶液，製作美麗的飾品。絨毛條色彩繽紛、表面毛絨絨的，很適合晶體在上面生長，還能扭成有趣的形狀呢！

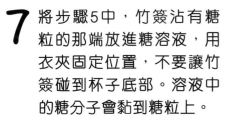

## 運作原理

根據粒子理論，糖是由無數糖分子所組成的細小晶體，水則是由水分子組成的。當糖在水中溶解時，糖分子會互相分離，並與水分子混合，形成糖溶液。這個實驗的糖溶液濃度很高，當水分從糖溶液的表面蒸發，溶液的濃度便越來越高。溶液中的分子緩慢移動，當糖分子碰到竹簽上的糖粒，便會黏在一起。當越來越多糖分子黏住糖粒，糖晶體便會變大，棒棒糖也會變大。

糖會聚合成單斜晶體。

衣夾
竹簽
當水分從糖溶液表面蒸發（由液體轉為氣體），溶液的糖濃度便越來越高。
糖分子
水分子
最初，糖分子與水分子混在一起。但隨時間過去，溶液中的糖分子組成細小的晶體，黏在竹簽上，逐漸變成較大的糖晶體，令棒棒糖的體積跟着變大。
隨着糖晶體成長，棒棒糖上會有數百顆獨立的晶體。

### 晶體形狀

分子結合的方法會決定晶體的形狀。這種棒棒糖的晶體形狀是「單斜結構」，每顆晶體的長闊高長度都不同。

## 現實中的科學

### 結霜

空氣中有氧分子及水分子混合在一起，情況跟這個實驗糖分子與水分子混合類似。在寒冷的天氣下，空氣中所含的水分子會結合起來，在物件表面凝固成細小的白色冰晶體，稱為結霜。

# 檸檬電池組

你知道嗎？原來檸檬可以當作電池用呢！只需要5個檸檬、一些銅幣、螺絲和雙夾頭的導線，就可以形成電路，產生足夠的電流，亮起一個發光二極管（LED，Light Emitting Diode縮寫）。試想想，如果是由100個檸檬產生的電能又會怎樣？

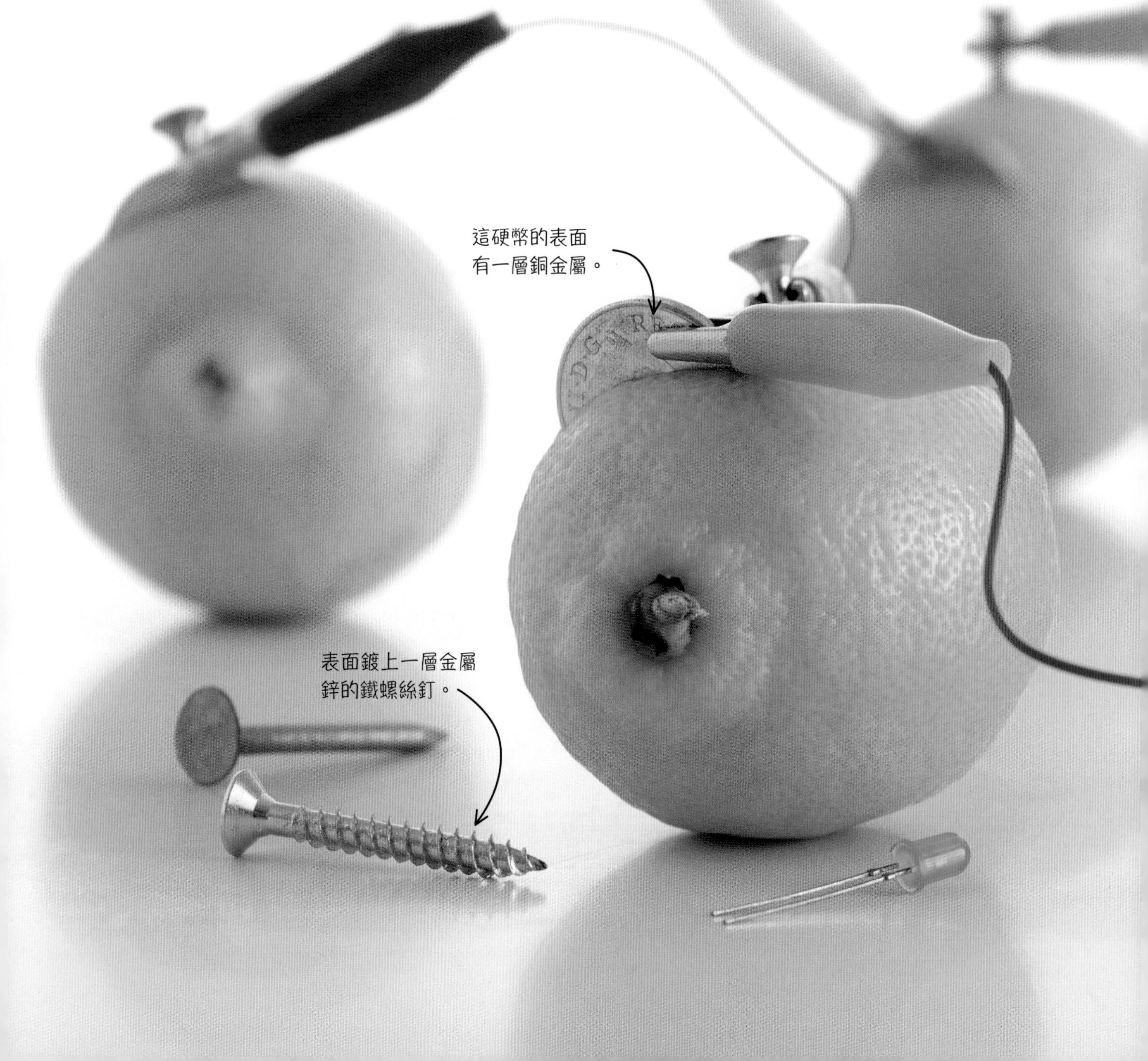
這硬幣的表面
有一層銅金屬。
表面鍍上一層金屬
鋅的鐵螺絲釘。

## 電池、電池組與電壓的關係

一個插着銅幣和鍍鋅的鐵螺絲釘的檸檬便可組成一個電池，提供大約0.8伏特的電壓，但因產生的電流太小，輸出的電能不足以點亮一枚LED。要把5個檸檬電池串連成電池組，才能產生足夠大的電壓及電流，令輸出的電能可以點亮一枚LED。

導線是由銅線組成，外層以絕緣的塑膠包着，兩端的金屬夾頭分別連接着硬幣和鐵螺絲釘。

在許多電子產品中都會找到 LED。

# 如何製作檸檬電池組？

請大人協助你找到以下工具。鐵螺絲釘必須是鍍鋅的，即表面有一層鋅；LED和雙夾頭的導線可以在電子用品店找到。雖然這個實驗很安必全，但緊記無論何時用電進。行。實驗都有安全風險；做過實驗的檸檬對人體有害，不能食

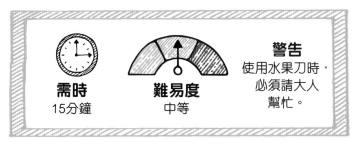

**需時**
15分鐘

**難易度**
中等

**警告**
使用水果刀時，必須請大人幫忙。

**實驗工具：**

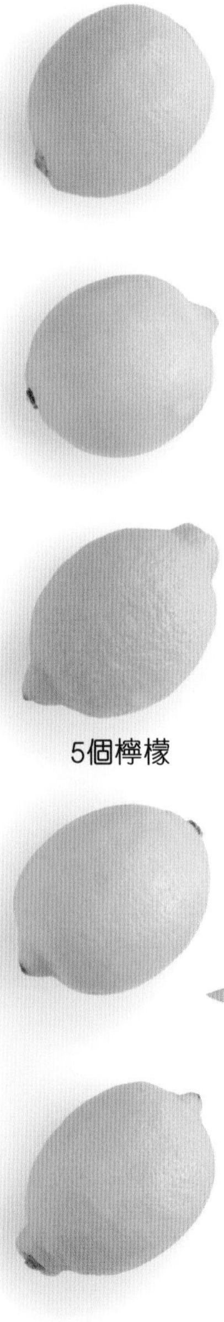

5個檸檬

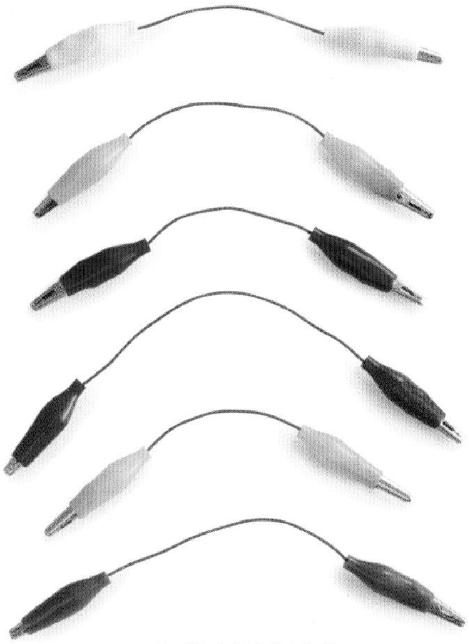

6條雙夾頭的導線

5個銅幣（建議使用香港5角硬幣）

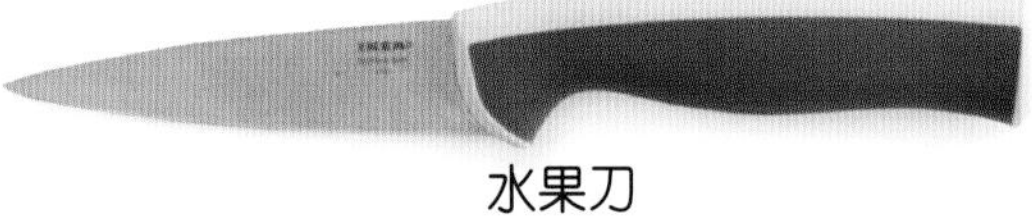

水果刀

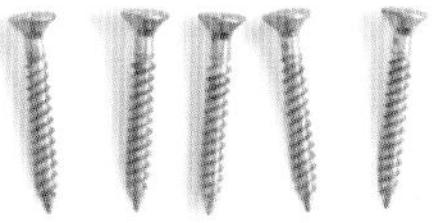

5顆鍍鋅鐵螺絲釘

發光二極管（LED）
（最少一種顏色）

**1** 請大人在檸檬中心切一刀，約長1厘米、深2厘米，視乎銅幣大小而調整切口，並把銅幣塞進切口。其餘4個檸檬重複以上步驟。

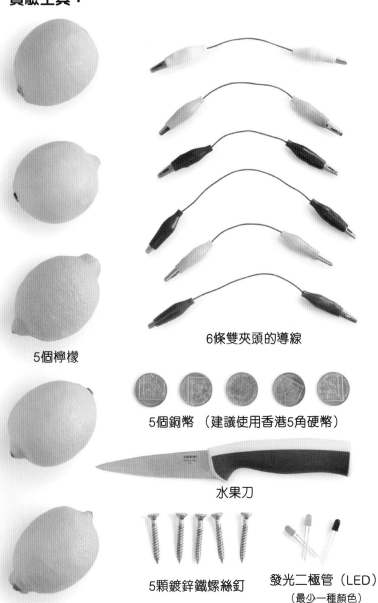

**2** 在檸檬上，離硬幣約1厘米，插進鐵螺絲釘，按順時針方向扭進去，確保鐵螺絲釘牢固。其餘4個檸檬重複以上步驟後，把全部檸檬排成一圈。

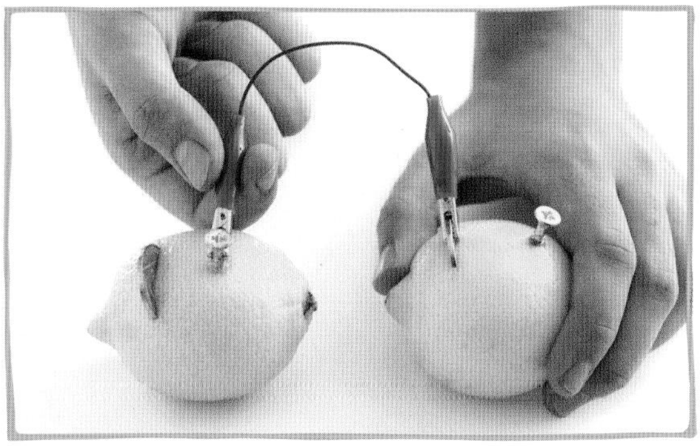

## 3
按壓導線的兩端令夾頭張開。一端夾着一個檸檬的鐵螺絲釘，另一端則夾着另一個檸檬的銅幣。

第1和第5個檸檬均有一條導線的一端懸空。

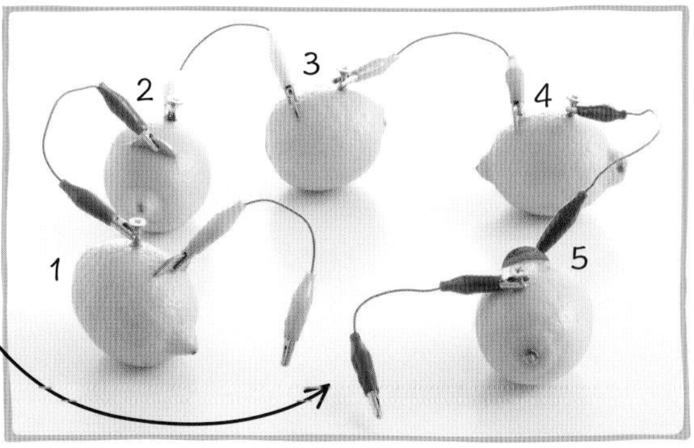


## 4
按照步驟3連起所有檸檬。先不用連接第1及第5個檸檬，而是第1個檸檬夾住銅幣，第5個檸檬夾住鐵螺絲釘。

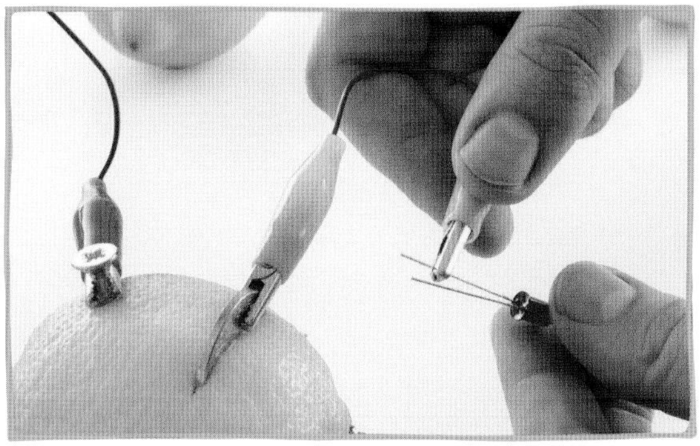

## 5
LED有一長一短的腳，長腳是正極，短腳是負極。把第1個檸檬懸空的導線夾住正極。

如果LED小燈泡的燈光微弱，可以試試扭入或壓實螺絲和銅幣。

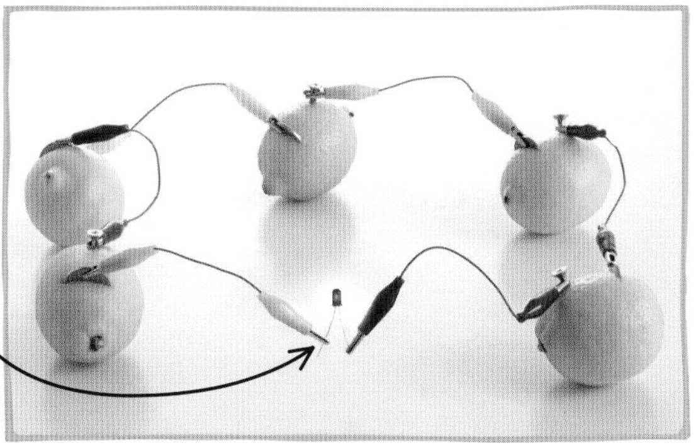

## 6
把第5個檸檬懸空的導線夾住負極。這樣就形成閉合電路，LED便會亮起。

## 運作原理

位於負極的鐵螺絲釘，其表面鍍了一層鋅，當與檸檬汁的酸性物質接觸後便溶解，而每粒鋅原子則會放出兩粒帶負電荷的電子。釋出的電子在金屬導線內向隔鄰的檸檬之正極移動。當電子到達正極後便與銅幣接觸，就會產生化學作用，電子被吸收，使到5個檸檬形成完整電路。

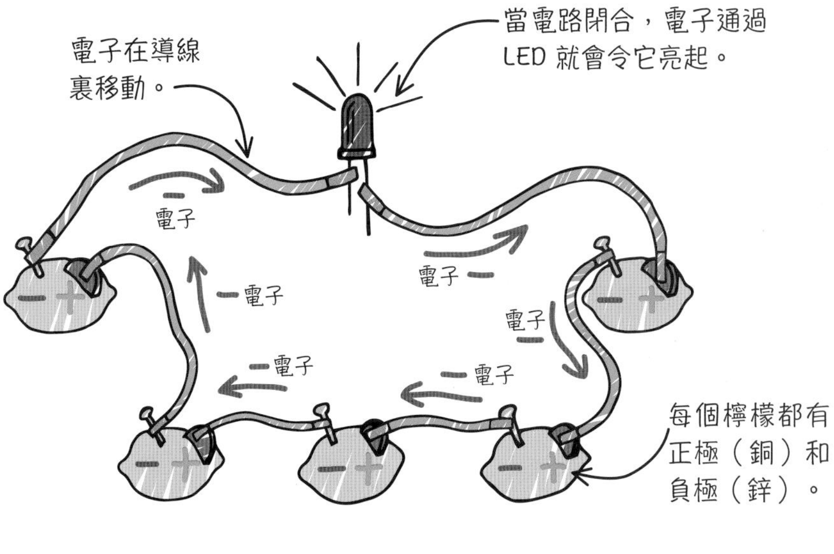

電子在導線裏移動。
當電路閉合，電子通過LED 就會令它亮起。
電子
電子
電子
電子
電子
電子
每個檸檬都有正極（銅）和負極（鋅）。

# 在家裏
# 就地取材

原來運用日用品，例如紙張、橡皮筋和氣球，就能進行很多不同種類的實驗。是不是很神奇呢？在這一章，用一些簡單的材料，便能明白DNA的結構和認識太陽系的八大行星，還可以進行關於紙飛機和靜電的實驗。大部分的實驗材料都可以在家中找到，或許就在你的書桌上，甚至是垃圾箱裏呢！

# DNA模型

這個彩色的旋轉梯子，是我們身體裏一個極重要部分的模型，只是它放大了約一千萬倍！DNA是脫氧核糖核酸(deoxyribonucleic acid)的英文縮寫，這是一個細小的分子。地球上所有生物的細胞核內都有DNA，人的身體由大量細胞組成，而每個細胞核都有一個DNA分子。DNA分子就像一個迷你資料庫，裏面寫滿了指示，讓你的身體知道要怎樣運作。現在你只需運用簡單的工具，包括紙張、剪刀和熒光筆，就可以製作這個形狀奇特的DNA模型。

## 彩色螺旋

DNA並不是真的由古怪的熒光顏色組成，不過運用這種顏色有助我們理解DNA的結構。這個實驗會教你怎樣編排DNA模型的顏色，簡單又有趣。

用螺旋形的DNA
來布置你的房
間，入型入格。
用膠紙固定梯子上
的梯級。

# 如何製作DNA模型？

DNA模型就像一把旋轉的繩梯，跟真實的DNA構造一樣。製作梯子的梯級關鍵，是要用4種顏色來畫，分別代表4種化學物質的其中一種。你要運用膠紙來製作梯子兩邊的繩子，而現實中，DNA兩邊是由化學物質組成。

**需時**
1小時

**難易度**
中等

**實驗工具：**

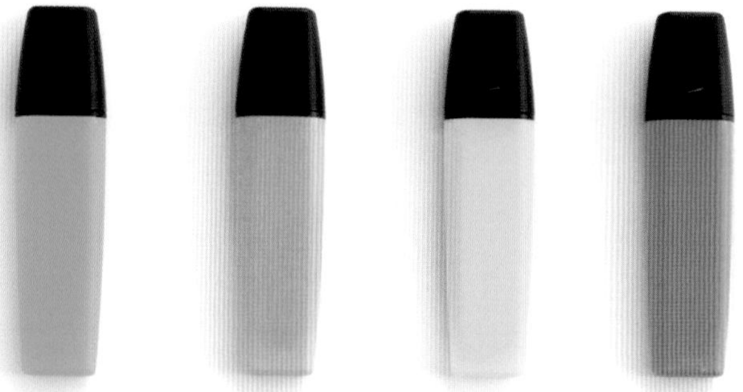

4種不同顏色的熒光筆

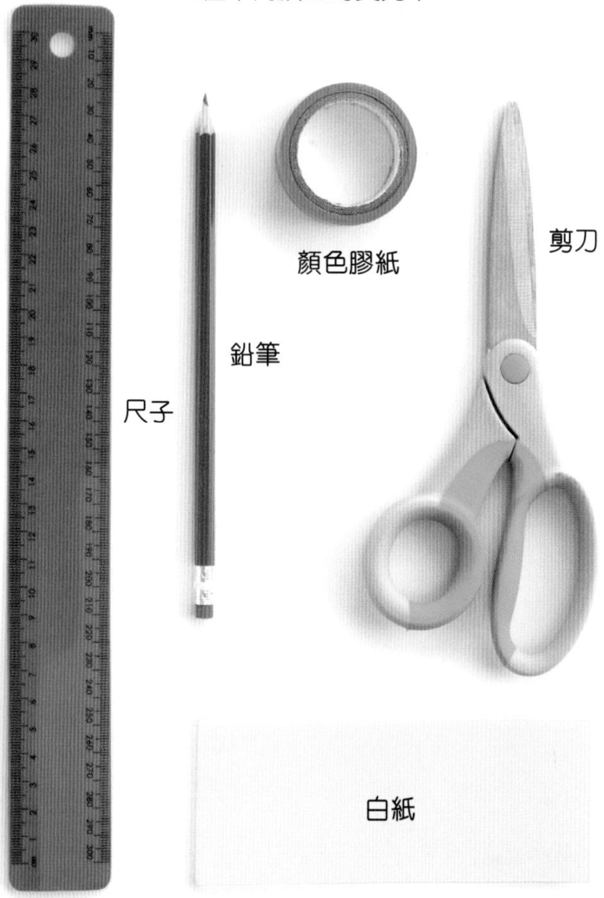

**1** 用鉛筆和尺子在白紙上畫出30個方格，每個方格闊1厘米、長3厘米。剪出方格，成為一張張紙條，這些紙條便是梯級，每一條代表一對稱為鹼基的化學物。

**2** 每條紙條都對摺一下，這條摺痕就是兩個鹼基之間的分界線。在真實的DNA裏，兩個鹼基之間是由化學鍵所連接的。

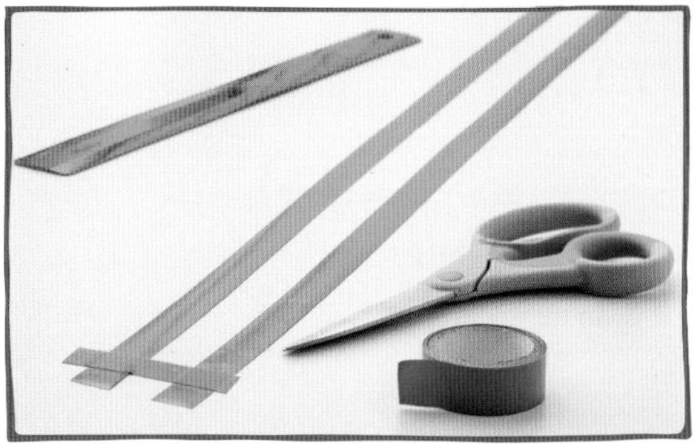

**3** 在紙條兩邊和底面填色，顏色可不同，但只有兩種固定顏色的組合，例如黃色只會配搭橙色，綠色只配搭紅色。

**4** 接着，要剪兩條約70厘米長的膠紙。將兩條膠紙相隔2厘米並排，具黏性的那一面朝上，兩端以膠紙固定。

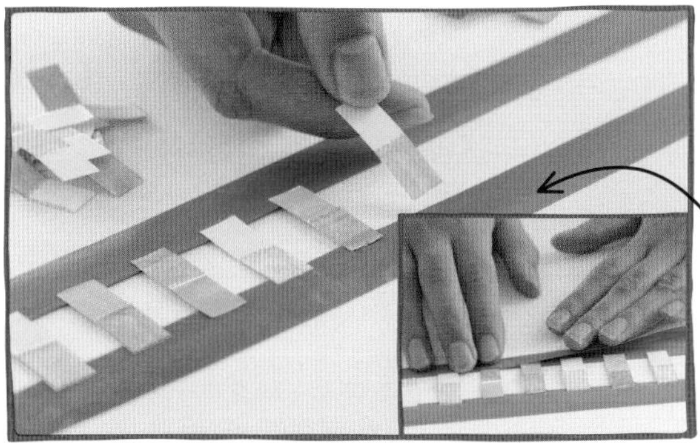
每個人的DNA排列都不同，所以沒有所謂正確或錯誤的排列。

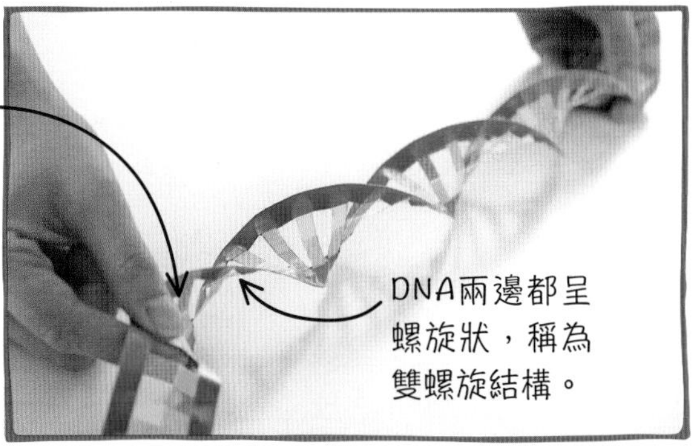
把螺梯子小心扭成螺旋狀。
DNA兩邊都呈螺旋狀，稱為雙螺旋結構。

**5** 將紙條以任意排序貼在兩條膠紙上，紙條與紙條之間相距約1厘米。放好紙條後，小心地對摺兩邊的膠紙，固定紙條的位置。

**6** 最後，把梯子扭成螺旋狀，就像真的DNA一樣。將向着自己那一邊的梯子以逆時針方向輕力地扭動。

## 運作原理

DNA的鹼基，即模型中的紙條，是一套編碼，指示身體要怎樣製造蛋白質。蛋白質是一些較大和複雜的分子，對身體組織和器官的結構、功能和運作，起了重要作用。例如，你的頭髮和指甲便是由角蛋白這種蛋白質形成的。DNA梯子中的不同片段記載着每種蛋白質的製造配方，稱為基因，而你整個DNA編碼裏，約有20,000個基因，整套基因又稱為基因組。沒有人的基因組會跟你的一模一樣，除非你有同卵雙生的雙胞胎。

## 現實中的科學

### DNA序列

科學家運用特別的器材，可以看到DNA序列，即DNA分子中的鹼基排列次序。這表示，DNA樣本可以用來確認人們身分，也能認出某些引起疾病的基因。

## 飛啊飛！

在這個實驗，你會摺出3款紙飛機，它們的飛行路線各有不同，因為飛行時，空氣滑過它們的方法不同。你可以試試不同的起飛方法，例如向上、向下、用力拋擲、輕力滑出等，也可以試試改變機翼形狀，看看對飛行有什麼影響。

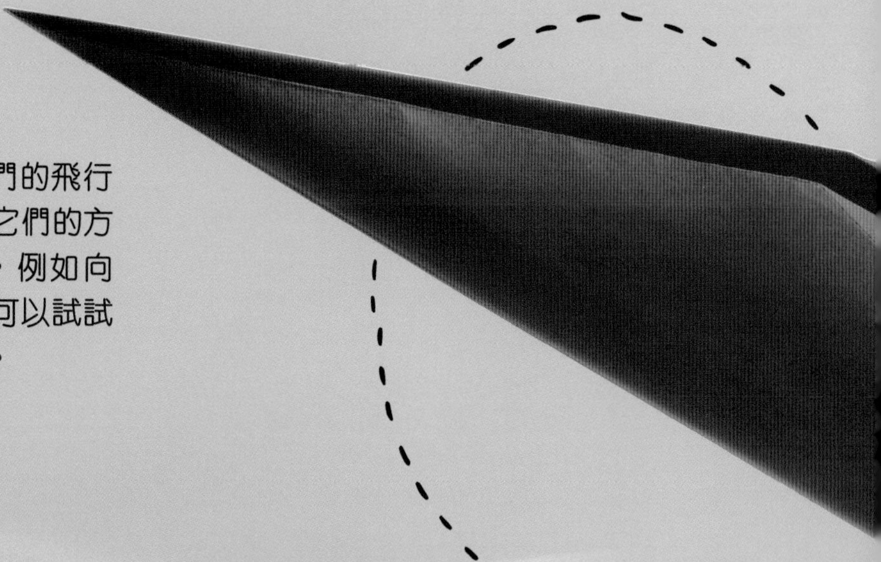

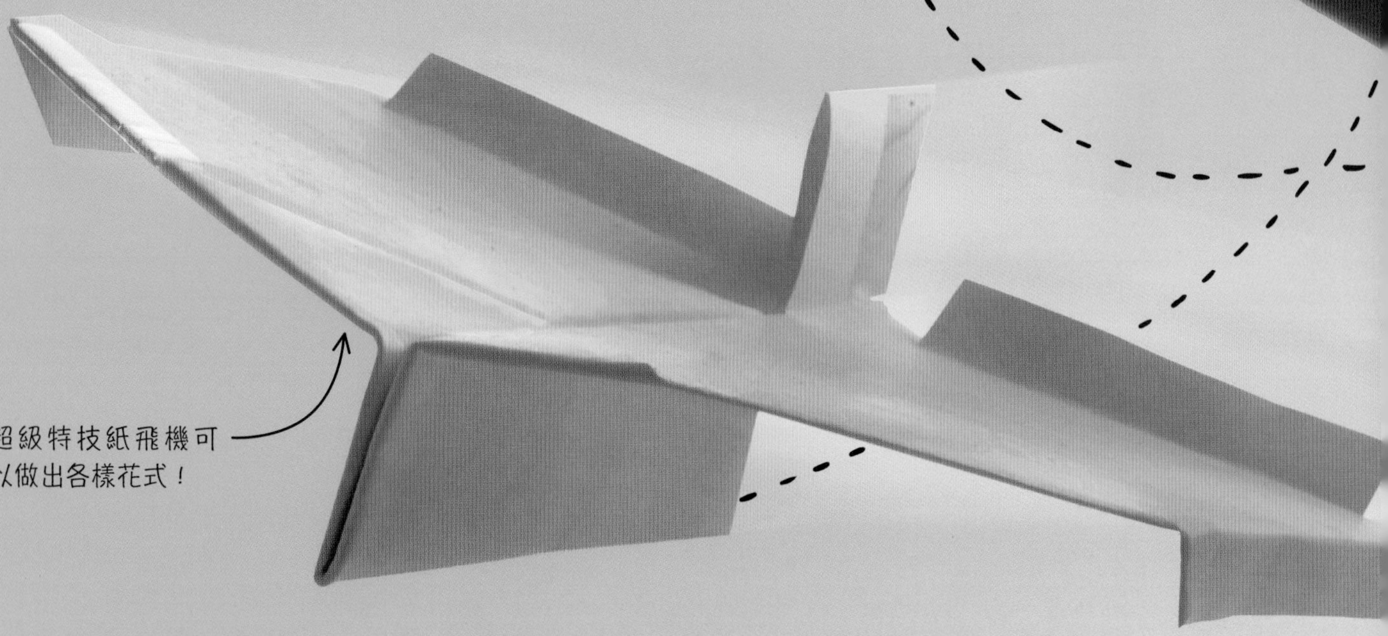

超級特技紙飛機可以做出各樣花式！

優雅滑翔機經過特別設計，滯空能力持久。

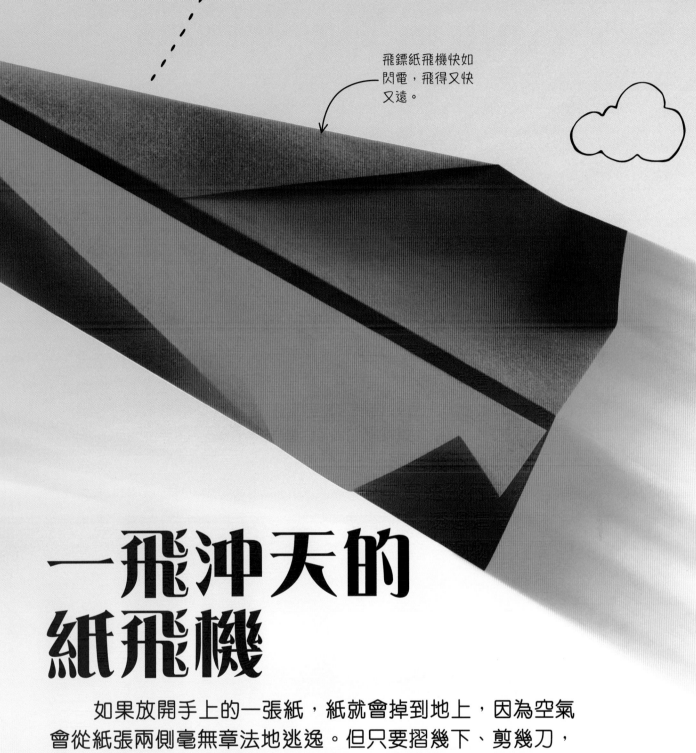

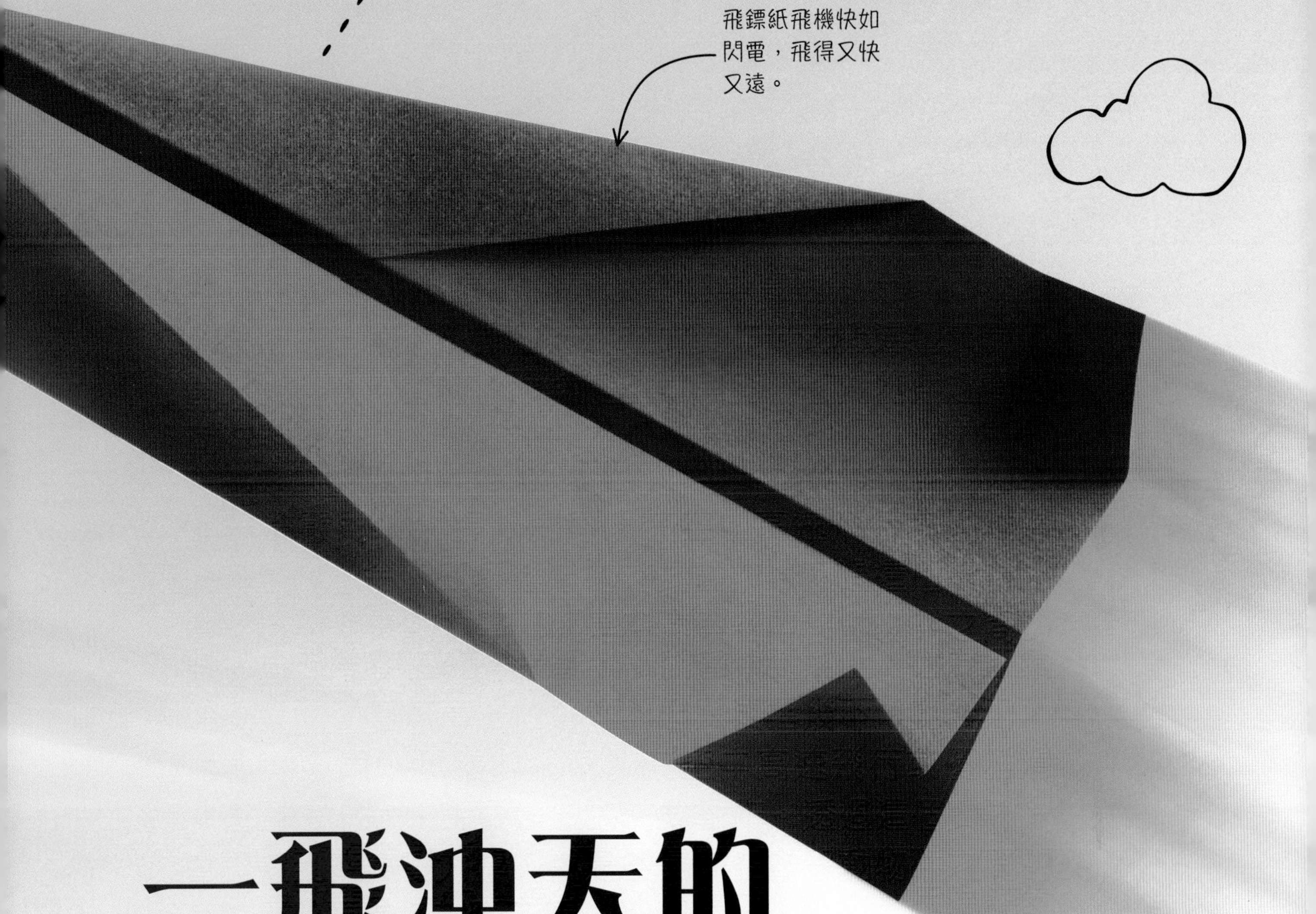

飛鏢紙飛機快如閃電，飛得又快又遠。

# 一飛沖天的紙飛機

如果放開手上的一張紙，紙就會掉到地上，因為空氣會從紙張兩側毫無章法地逃逸。但只要摺幾下、剪幾刀，加上一點竅門，那張紙就可以在空中高速飛行或優雅滑行，甚至做出令人印象難忘的花式動作。透過這個實驗，你會認識到空氣動力學，就是空氣與空中移動物件之間的相互作用。預備好起飛了嗎？

# 如何製作紙飛機？

這3款紙飛機的製造難度分為低、中、高，全部都很好玩，只要仔細跟着步驟就可以了。你只需用到紙張，而其中一款需要用到尺子、剪刀和膠紙。另外，要特別留意飛鏢紙飛機的機頭很尖，不要向着別人的臉拋出啊！

**實驗工具：**

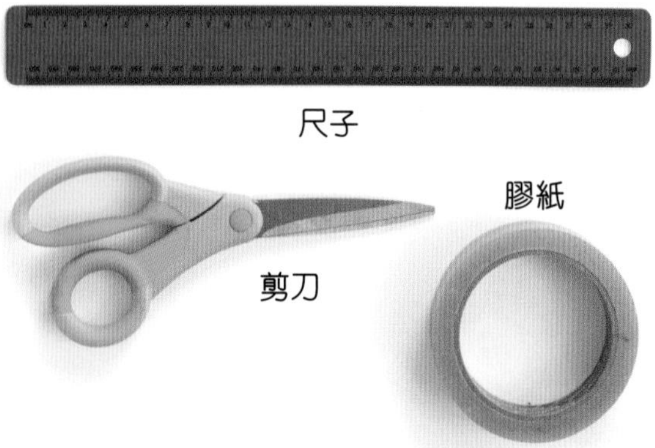


## 飛鏢紙飛機

這架簡單的流線形飛機速度很快，在空中一閃而過。摺好後，以稍為向上的角度拋出，就可欣賞它在空中飛行！

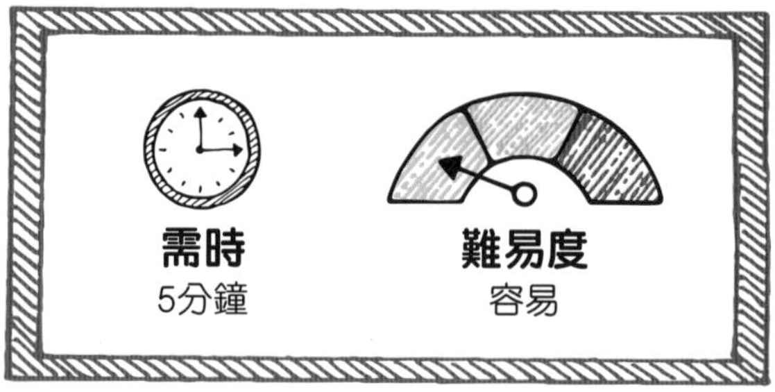

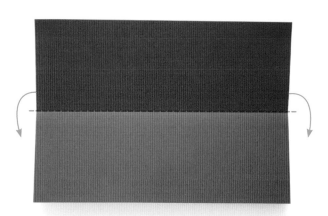

1 將紙對摺，並用指甲或尺子壓實摺痕，之後把紙打開。

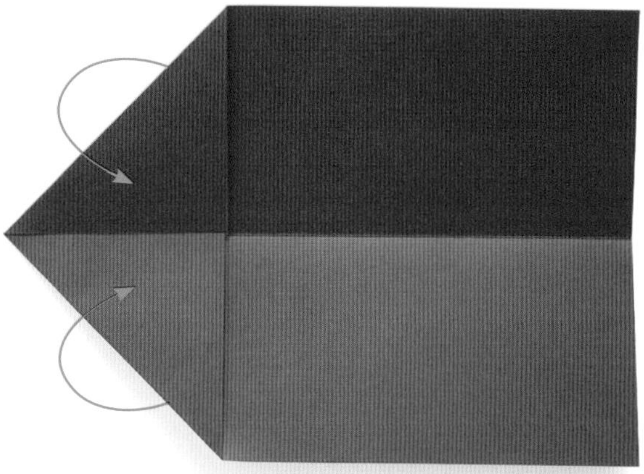

2 將兩邊的角摺向中間摺痕，並與摺痕之間保留一條小空隙，方便之後再對摺。

機尾預留幾厘米，
不要摺疊。

**3** 將下半邊由機頭尖角摺向中間摺痕。同樣，與摺痕之間保留小空隙。

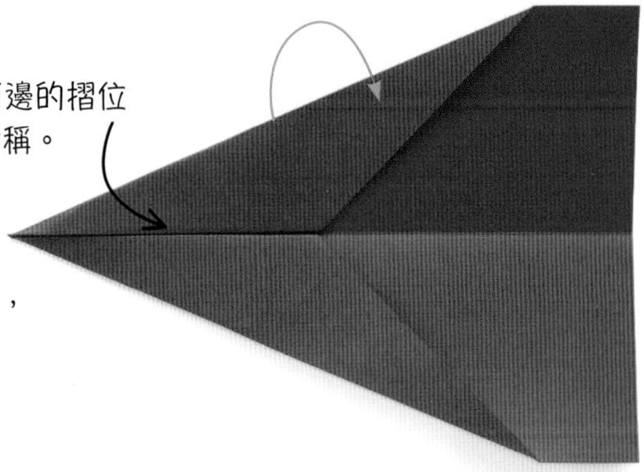
上下兩邊的摺位
必須對稱。

**4** 上半邊重複步驟3，並確保摺位對稱地貼近中間摺痕。檢查一下是否所有摺疊位置都已壓實。

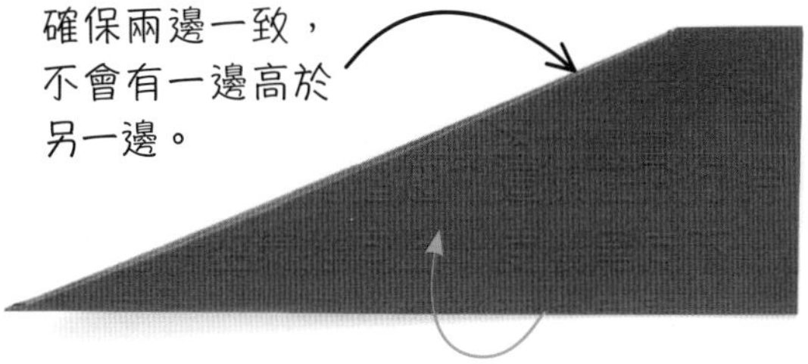
確保兩邊一致，
不會有一邊高於
另一邊。

**5** 把紙由下向上對摺，兩邊形狀必須完全一致。然後用力壓實。

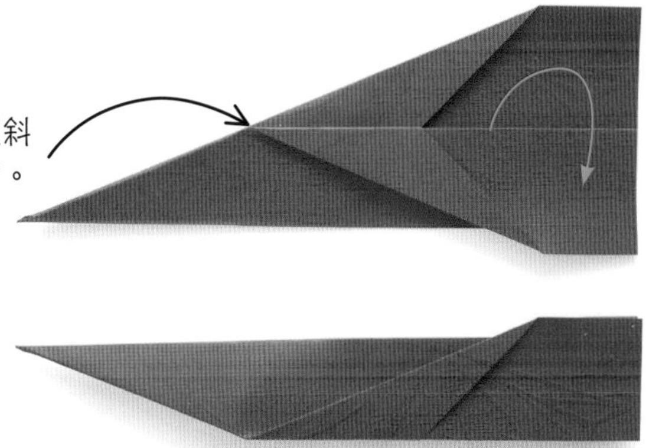
確保摺痕不是歪斜
的，並用力壓實。

**6** 將一邊在中間位置向下摺，摺位與飛機底部平行。另一邊重複步驟。

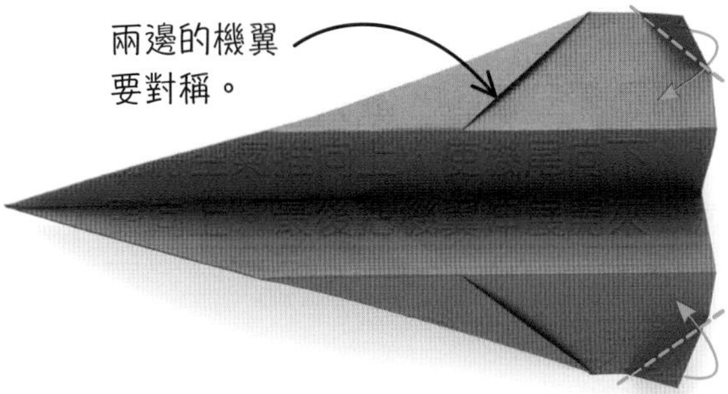
兩邊的機翼
要對稱。

**7** 將機尾的角摺起，這樣在飛行時，能將空氣推向上，使機尾向下，機頭向上。最後把機翼伸展開來，就可以起飛了。

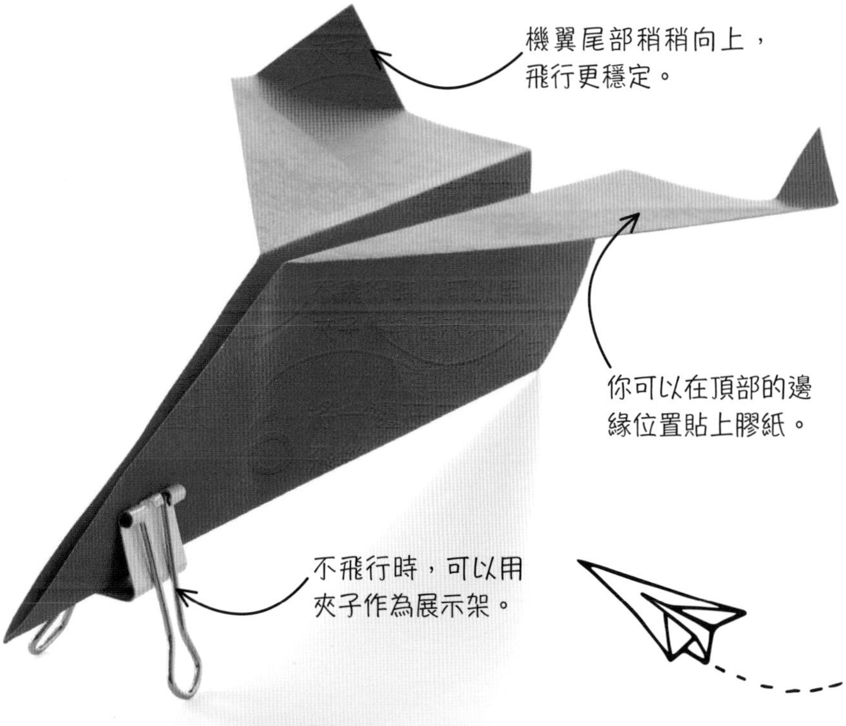
機翼尾部稍稍向上，
飛行更穩定。
你可以在頂部的邊
緣位置貼上膠紙。
不飛行時，可以用
夾子作為展示架。

# 優雅滑翔機

你要在略高於水平的角度，輕力地放出這飛機，這樣它就會在空中滑翔，比飛鏢紙飛機飛得更久。但你要有耐性，因這飛機的摺法會繁瑣一點。

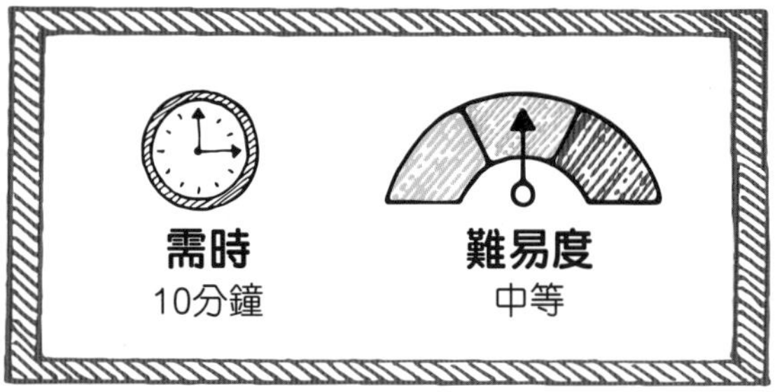


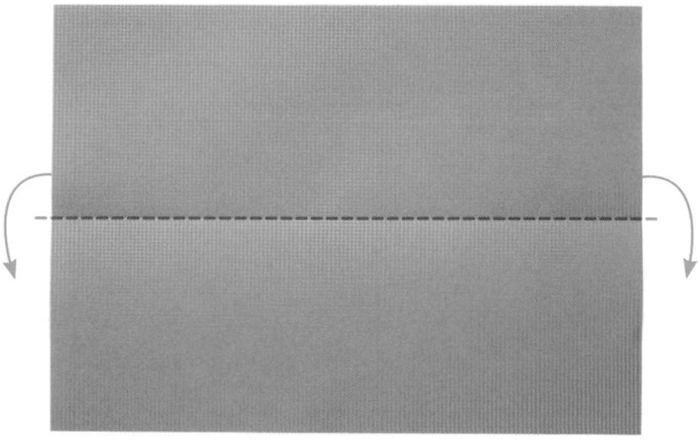

**1** 首先，小心地將紙對摺。用指甲或尺子壓實摺痕，之後打開紙張。

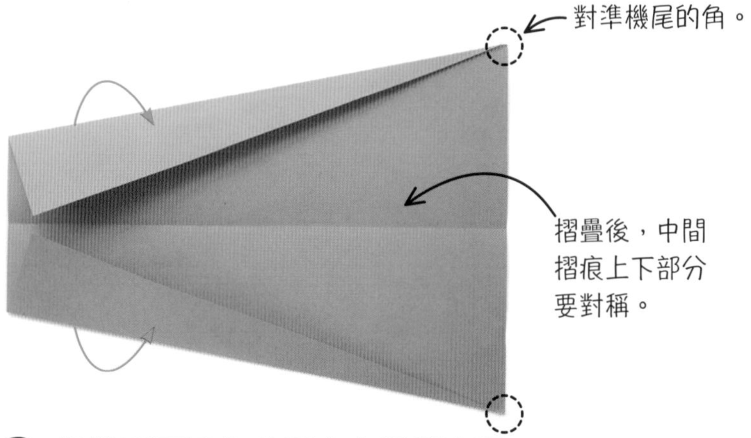

對準機尾的角。
摺疊後，中間摺痕上下部分要對稱。

**2** 將機頭兩邊的角摺向中間摺痕同一位置，摺疊時要對準機尾的兩個角。

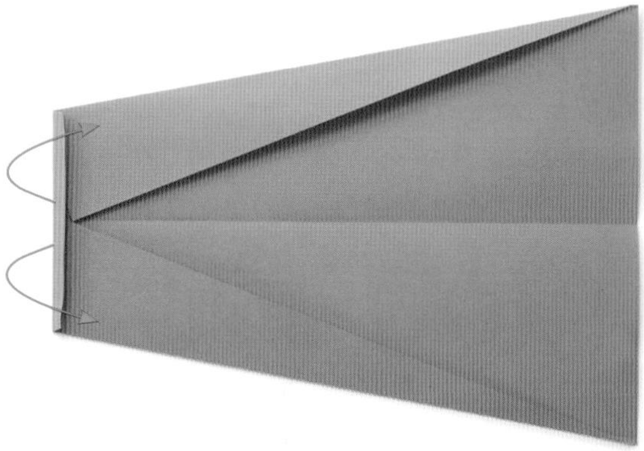

**3** 在機頭位置，向內摺約1厘米，用力壓實摺痕。

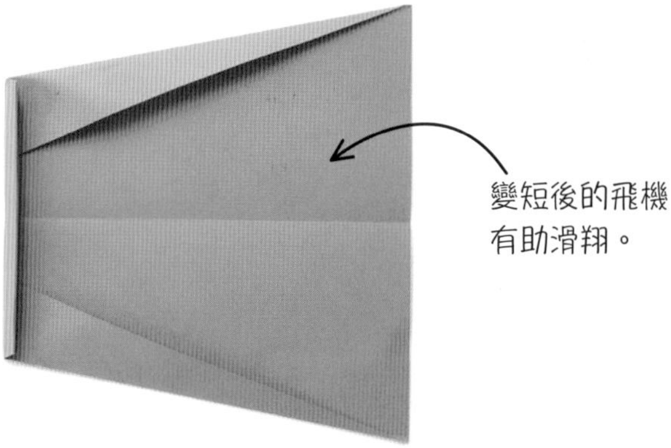

變短後的飛機有助滑翔。

**4** 重複上一個步驟6次，每次都要連同已摺疊的部分向內摺。摺疊時，要用力壓住，避免機翼拱起。

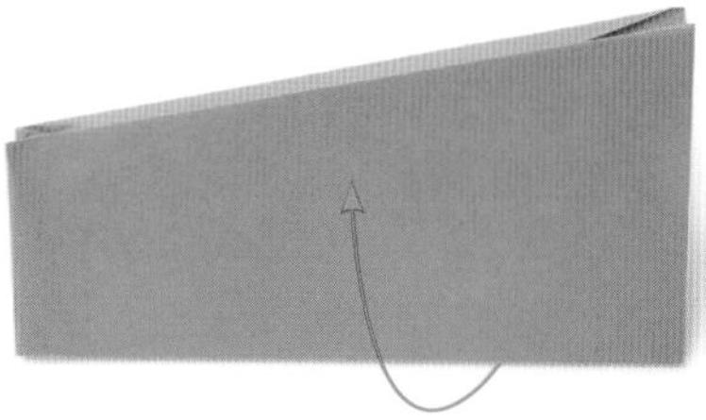

**5** 小心地將飛機對摺，盡量保持形狀一致。用力壓實摺痕，特別是在厚厚的機頭部分。

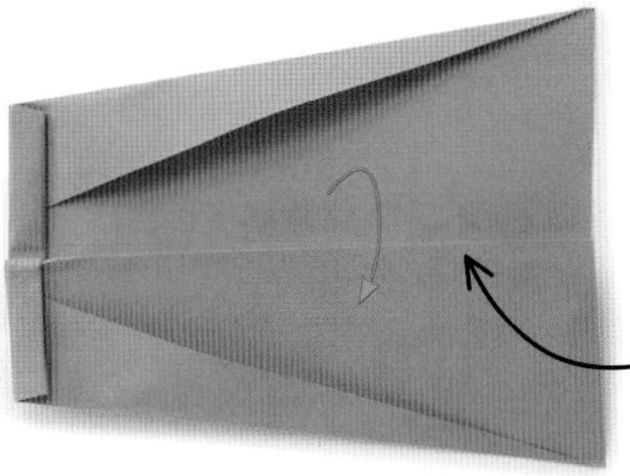
盡量摺成直線。

6 在中間摺痕對上約2厘米，將一邊摺下來。同樣要壓實摺痕，特別是厚厚的機頭。

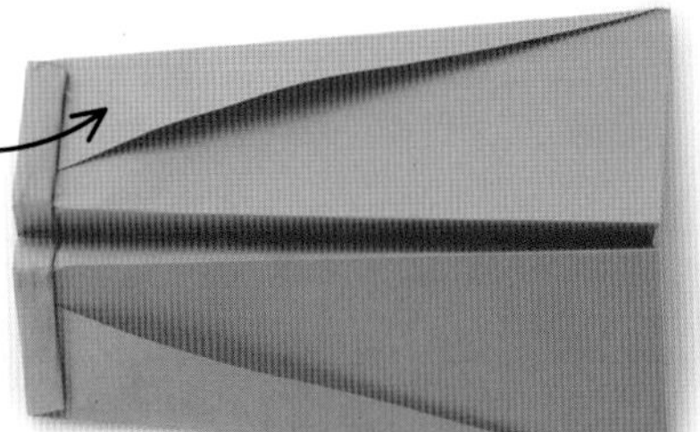
如果紙張拱起，
盡量將皺摺收進
摺位下。

7 另一邊重複步驟6，確保已壓實所有摺位，而滑翔機是對稱的。現在一對機翼已成形了。

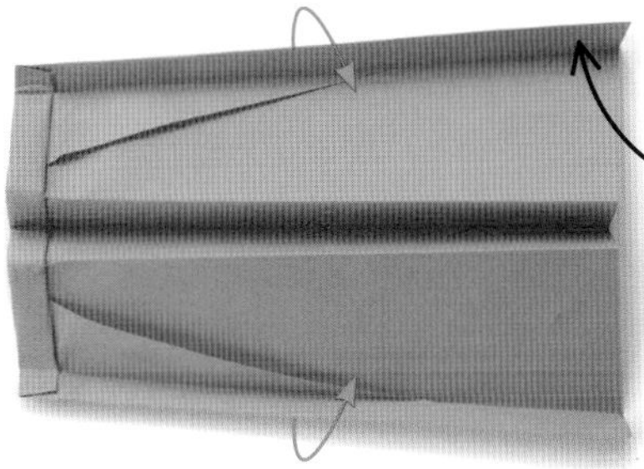
確保機翼兩側的
襟翼對稱。

8 把機翼兩側稍微摺起，形成襟翼，並與中間摺痕保持平行。壓實摺位，然後將襟翼豎起 。

**紙飛機專家**
**可以讓紙飛機在**
**室內飛行30秒！**

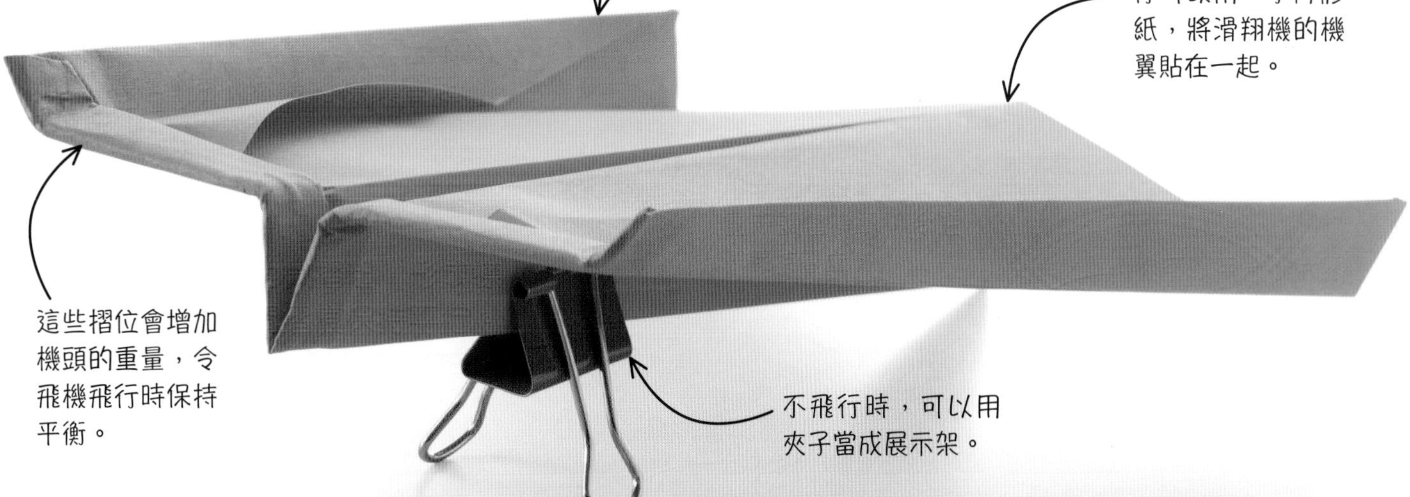
每次飛行後，你需要
重新調整襟翼，令它
們保持豎立。
你可以用一小片膠
紙，將滑翔機的機
翼貼在一起。
這些摺位會增加
機頭的重量，令
飛機飛行時保持
平衡。
不飛行時，可以用
夾子當成展示架。

# 超級特技紙飛機

這架飛機有2隻襟翼和1個方向舵，而改變它們的方向，可以令飛機轉彎、攀升、俯衝，甚至轉圈。

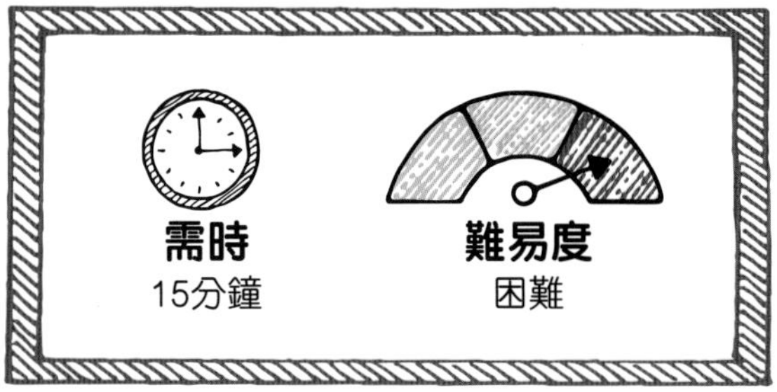

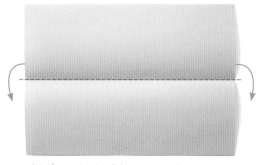

1 首先，將紙對摺。用指甲或尺子壓實摺痕，然後打開。

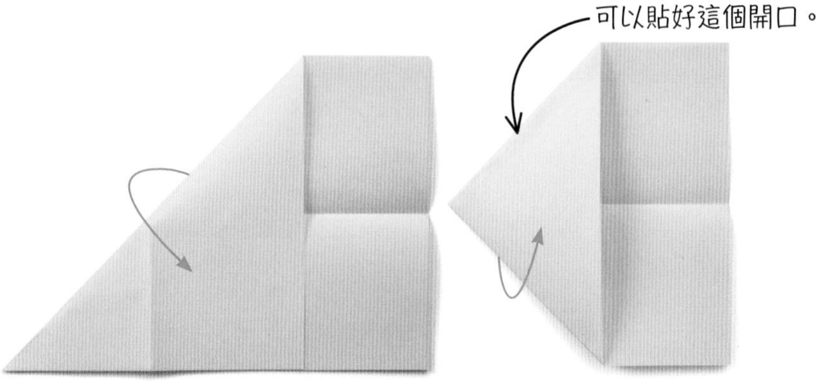

可以貼好這個開口。

2 將一隻角往下摺，用力壓實。拉起左邊的角向上摺，形成一個三角形，用膠紙貼着斜邊的開口。

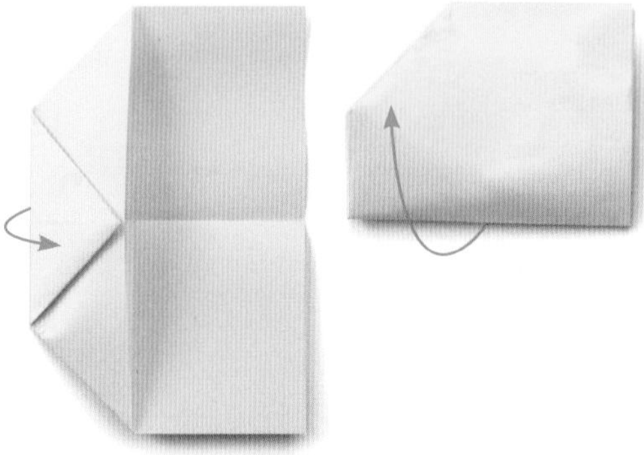

3 將三角形的尖端往內摺向三角形的底部。然後沿中間對摺，用力壓實。

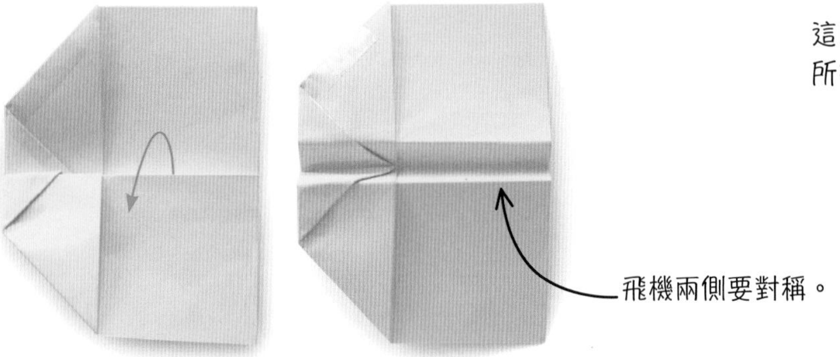

飛機兩側要對稱。

4 機翼部分，在中間摺痕對上2厘米位置，將一邊摺下來。另一邊重複步驟，張開機翼，讓飛機平躺。

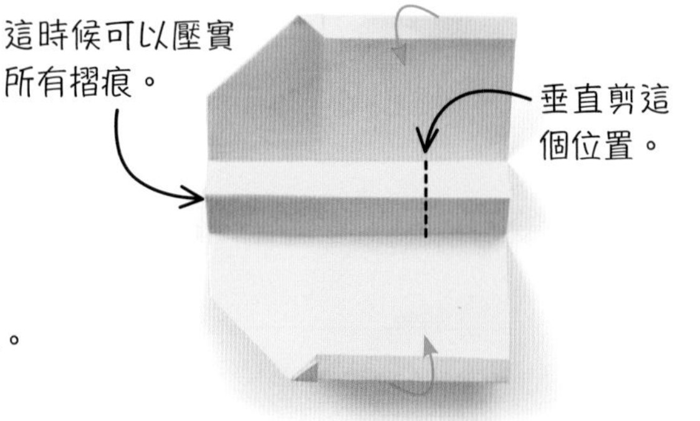

這時候可以壓實所有摺痕。
垂直剪這個位置。

5 將飛機反轉，把機翼由邊緣摺起約1厘米，然後豎起來，與機翼成直角。將距離尾部2.5厘米位置，垂直剪開。

捏一下方向舵的頂部，確保摺痕清晰。

**6** 再次反轉飛機，把剛才垂直剪的尾部推起，壓實摺痕，形成方向舵。

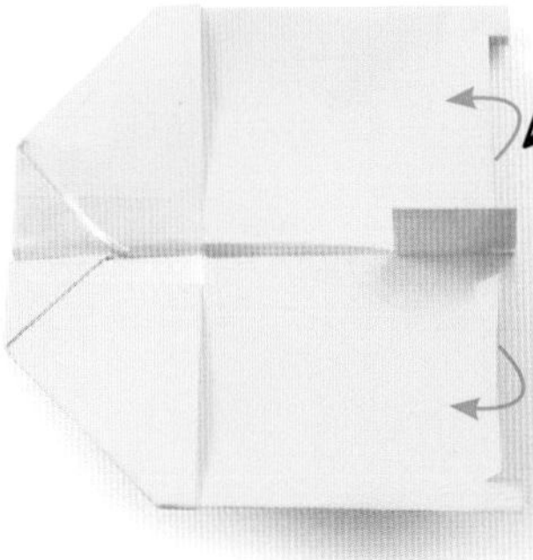

盡量令兩邊的襟翼大小一致。

**7** 用膠紙將機翼貼住，確保方向舵是豎立的。在兩邊機尾各剪兩刀，並向上推起，形成襟翼。

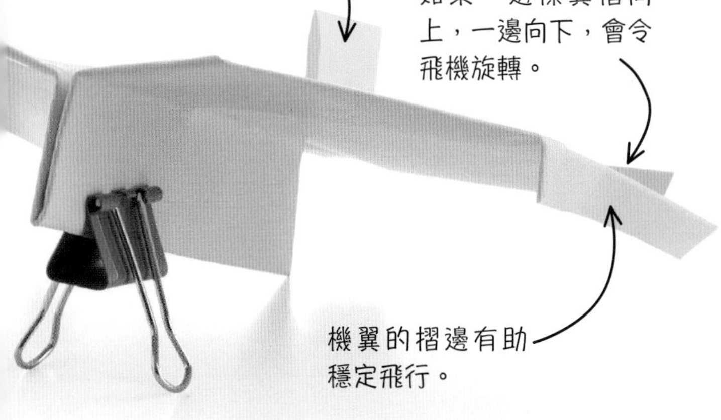

將方向舵壓向左或右，會令飛機在空中轉彎。
如果一邊襟翼摺向上，一邊向下，會令飛機旋轉。
機翼的摺邊有助穩定飛行。

# 運作原理

飛行的物件會承受4種不同的力：重力、升力、推力和阻力。飛鏢紙飛機能飛得很快，是因為它流線形的結構會減少空氣中的阻力。優雅滑翔機由於機翼面積大，就會有較大的升力，所以能在空中停留得比較久。超級特技紙飛機尾部的控制部分，會改變氣流的方向，在飛機旁邊或下面產生升力，令飛機可以改變方向，甚至旋轉。

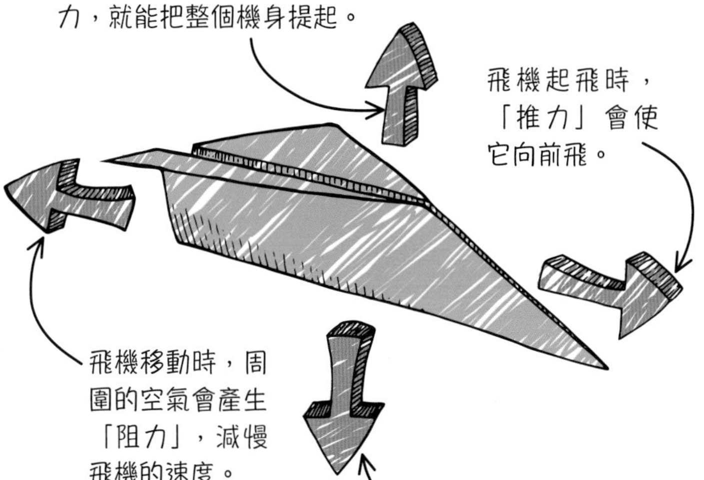

當空氣快速流過機翼的上下方，機翼的特殊形狀會令上方的氣流比下方流動得更快，令上方的氣壓降低，下方較高的氣壓增加，形成「升力」。當升力大於重力，就能把整個機身提起。
飛機起飛時，「推力」會使它向前飛。
飛機移動時，周圍的空氣會產生「阻力」，減慢飛機的速度。
「重力」會把所有物件向下拉，包括飛機。

# 現實中的科學

## 滑翔翼

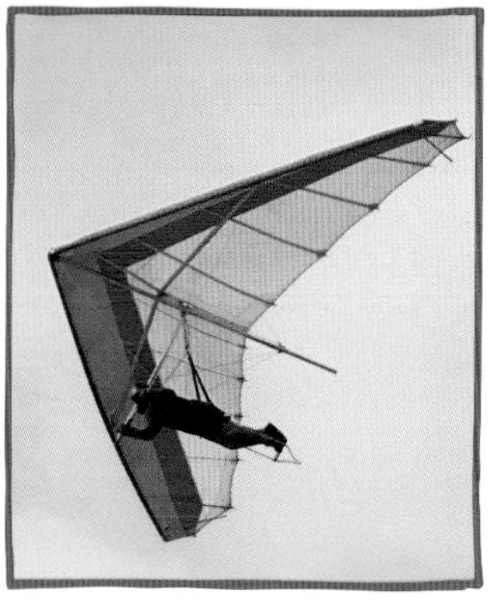

在適當條件下，暖空氣從地面升起，滑翔翼便可以在空中飛行數小數。升起的空氣稱為熱氣流，由下而上推起機翼，產生升力。飛行員會轉動自己的身體來改變滑翔翼的方向。

# 出色紙杯喇叭

你是否很喜歡用電話聽歌，卻又覺得音質不夠好？或者，每當你大聲播放喜愛的音樂時，家人又會嘮嘮叨叨？這個由你製造的紙杯喇叭，可以一次過解決這兩個問題。這喇叭不單能解決電話聲音較尖的問題，還能將音樂直接傳向你耳朵。這樣，音樂較大聲之餘音質也更好，卻不會騷擾到其他人。

這個出色的喇叭，其實是用常見的家居用品來製造的。

你可以隨時改變喇叭的顏色。

## 外形好看，音質更好

這個輕便易攜的手提電話喇叭，顏色時尚，無論放在枱上或牀邊都很好看。這喇叭不用電池，也無須充電。你還在等什麼？快來自製一個喇叭，然後播歌吧！但要留意，千萬別將音樂開至最大，然後把喇叭放到耳邊，因為這樣有機會令你聽力受損！

電話內置的迷
你喇叭通常都
位於底部。

# 如何製作紙杯喇叭？

這個有型的喇叭很容易製作，只需要找1個紙筒和2個紙杯，就差不多了。你也需要用到剪刀，這部分如有需要可找大人幫忙。製作好喇叭後，你的音樂會更大聲、更清晰，最棒的是，不需花零用錢來買呢！

**需時**
20分鐘，另加等待顏料乾透的時間

**難易度**
中等

**實驗工具：**

2個紙杯

手提電話

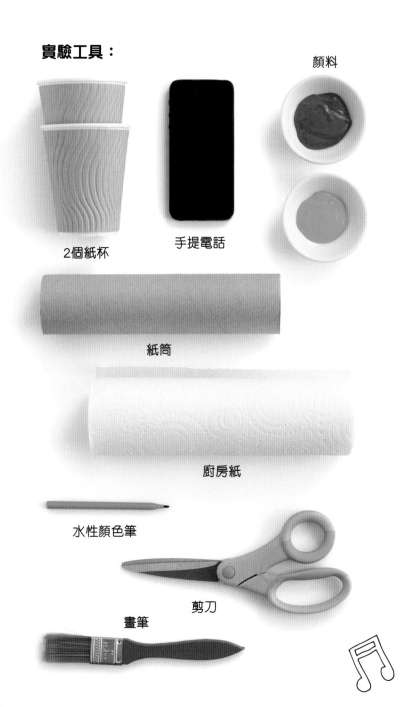

顏料

紙筒

廚房紙

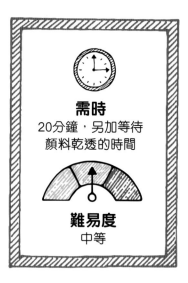

水性顏色筆

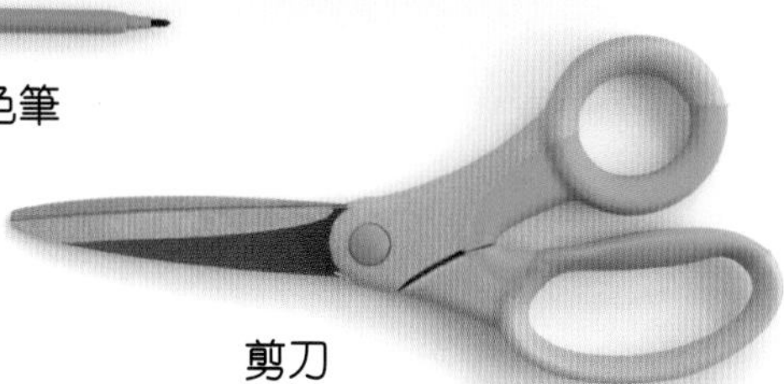
剪刀

畫筆

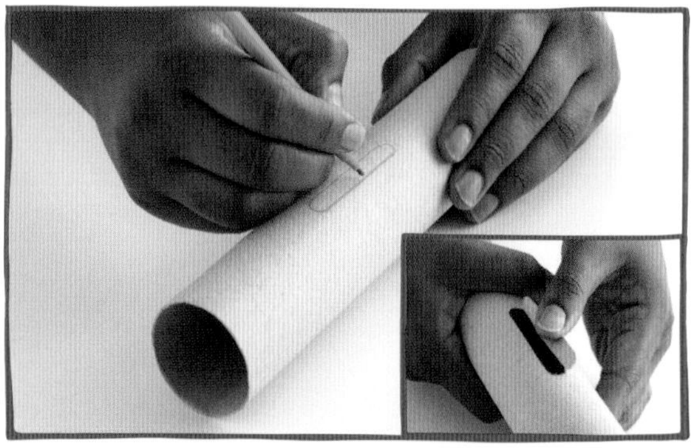

**1** 把手提電話放在紙筒中間，用水性筆沿着電話畫出電話底部的大小。剪開圖案的三邊，留下一條長邊不要剪，揭開成為插槽。

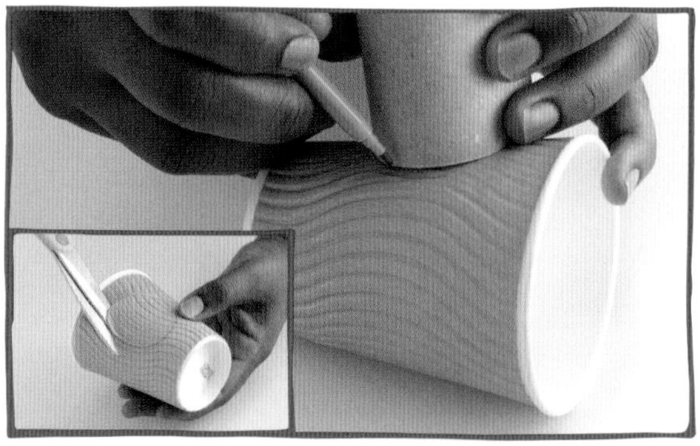

**2** 把紙筒一端垂直放到紙杯接近杯口位置，用水性筆沿着紙筒在紙杯上畫一個圓形，小心剪走圓形。另一個杯重複此步驟。

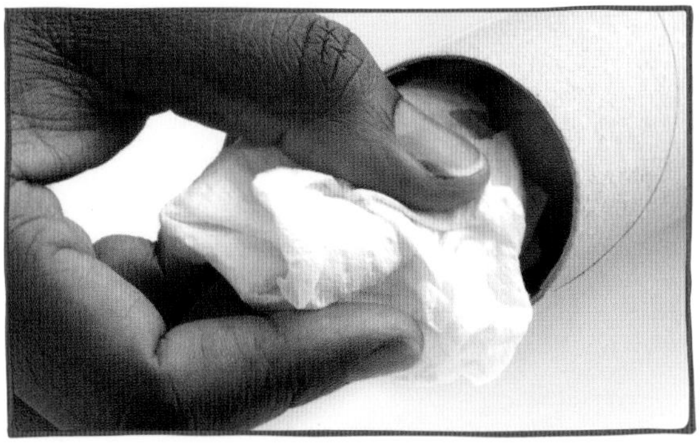

**3** 撕出兩張廚房紙，輕輕捏皺，分別放進紙筒的兩邊。廚房紙會吸收紙筒中一些較尖的聲音，讓聲音沒那麼刺耳。

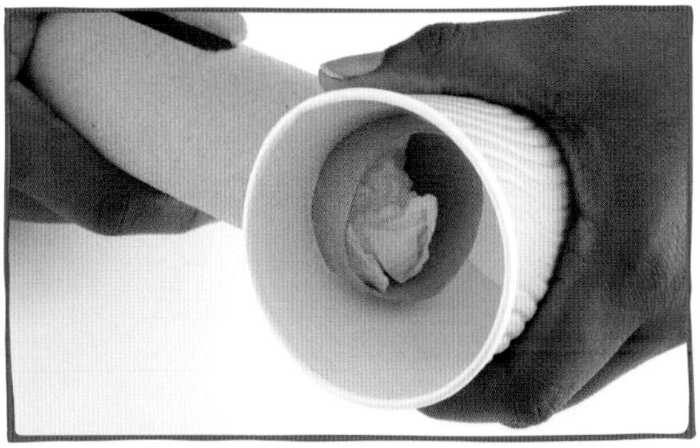

**4** 將紙筒的一邊放進紙杯的洞口，要用黏力來令它更穩固。另一邊重複此步驟。

**5** 最後，將喇叭塗上顏色。顏料乾透後，將電話放進紙筒的插槽，喇叭就大功告成了！你可以好好坐下來享受音樂。

## 運作原理

手提電話的迷你喇叭會震動空氣，產生聲波並傳遞到四方八面。當你將電話放進紙杯喇叭，聲波就會在紙筒內反彈，走向紙杯。所以，幾乎所有聲音都會向前傳出，傳到你的耳朵。皺巴巴的廚房紙會阻隔刺耳的高音，但不會阻隔低音，這樣聲音便能更清晰、更柔和。

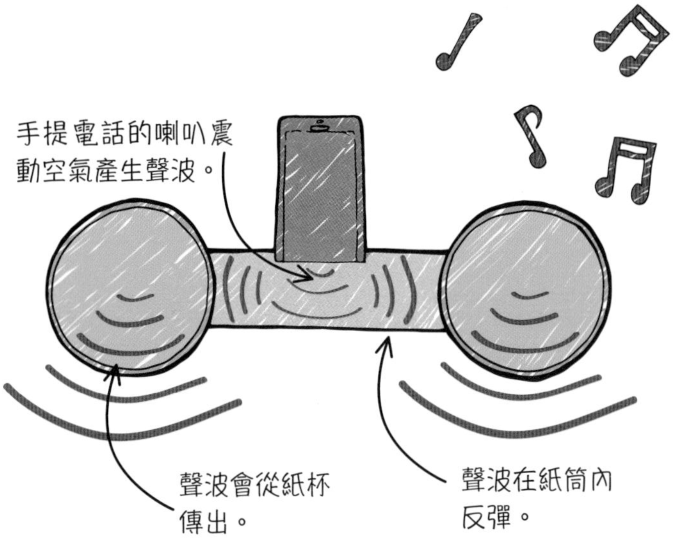
手提電話的喇叭震動空氣產生聲波。
聲波會從紙杯傳出。
聲波在紙筒內反彈。

## 現實中的科學

### 演唱會的喇叭

演唱會的舞台上，通常左右兩邊都會有巨型的喇叭。每個喇叭裏面都有一個錐盆，按照台上音響設備（例如電結他）的電子信號而震動。震動會產生聲波，傳遞到四方八面。有些聲波會傳到舞台牆壁，然後反射再向前傳給觀眾。

# 橡皮筋太陽系

我們居住的行星稱為地球，地球圍繞着恒星轉動，它就是太陽。圍繞着太陽轉動的，還有另外7個行星，有些比地球大，有些則比地球小。包括地球在內，比較接近太陽的4個行星，含有較多岩石；另外4個距離太陽較遠的行星，則主要由氣體組成。這八大行星，加上太陽和其他細小許多的星體，例如月球，組成了太陽系。你只需要用橡皮筋和紙，就可以按照星球不同顏色和大小，製作這八大行星的美麗模型。

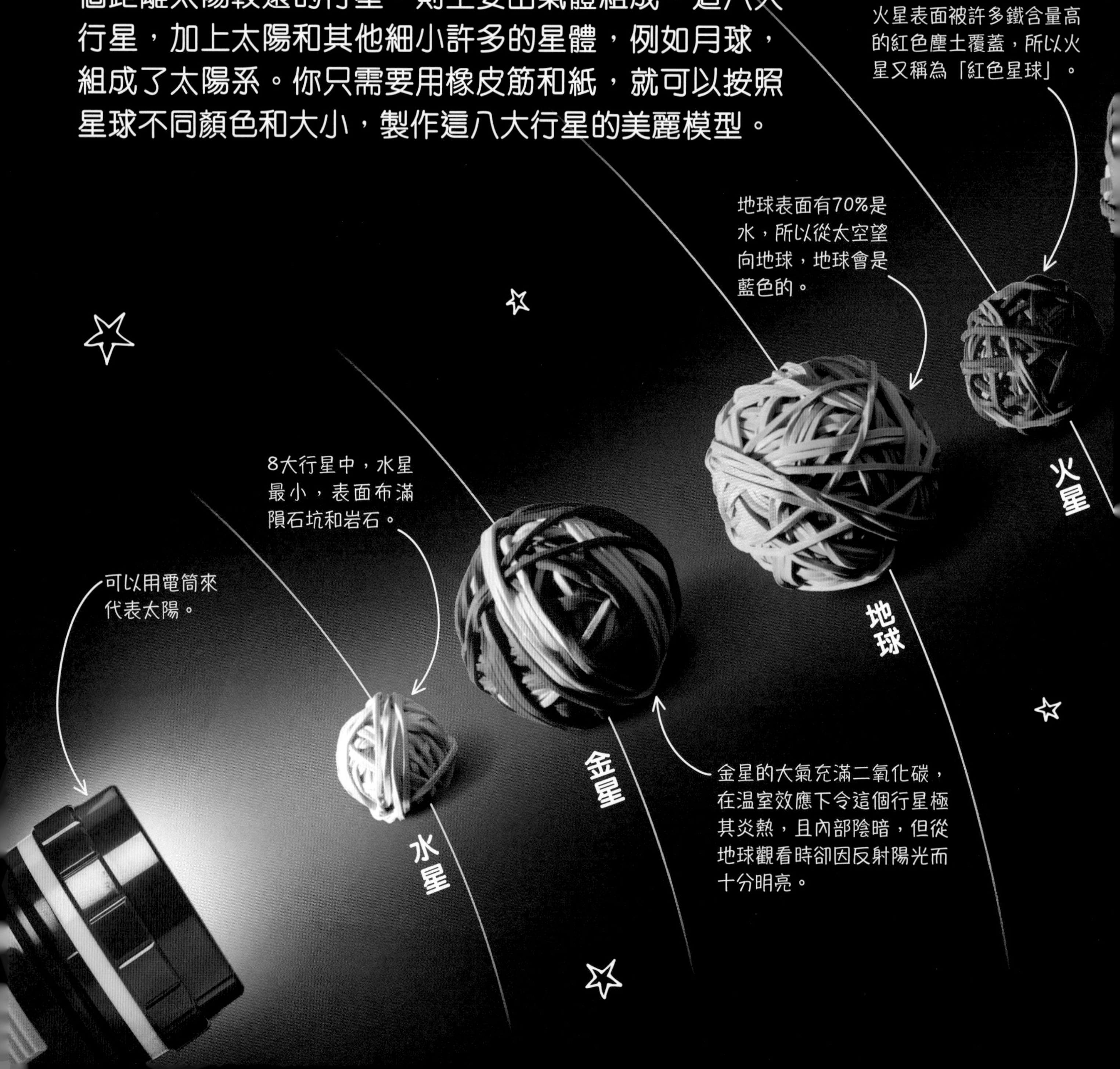

火星表面被許多鐵含量高的紅色塵土覆蓋，所以火星又稱為「紅色星球」。
地球表面有70%是水，所以從太空望向地球，地球會是藍色的。
8大行星中，水星最小，表面布滿隕石坑和岩石。
可以用電筒來代表太陽。
金星的大氣充滿二氧化碳，在温室效應下令這個行星極其炎熱，且內部陰暗，但從地球觀看時卻因反射陽光而十分明亮。
火星
地球
金星
水星

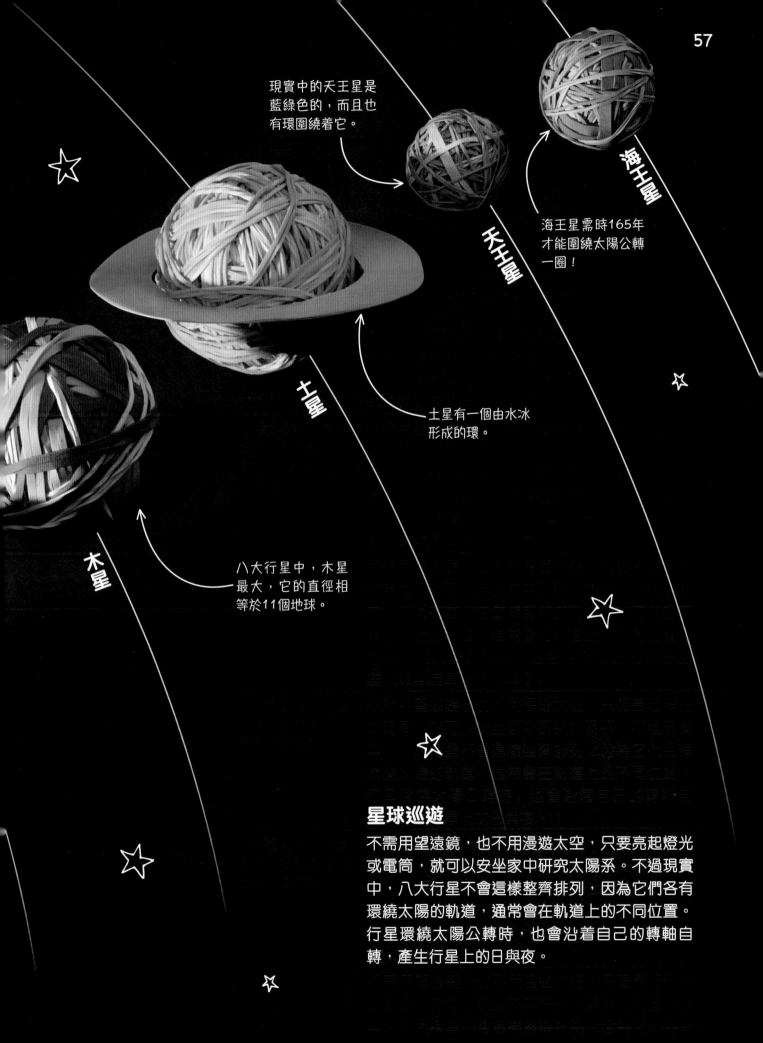

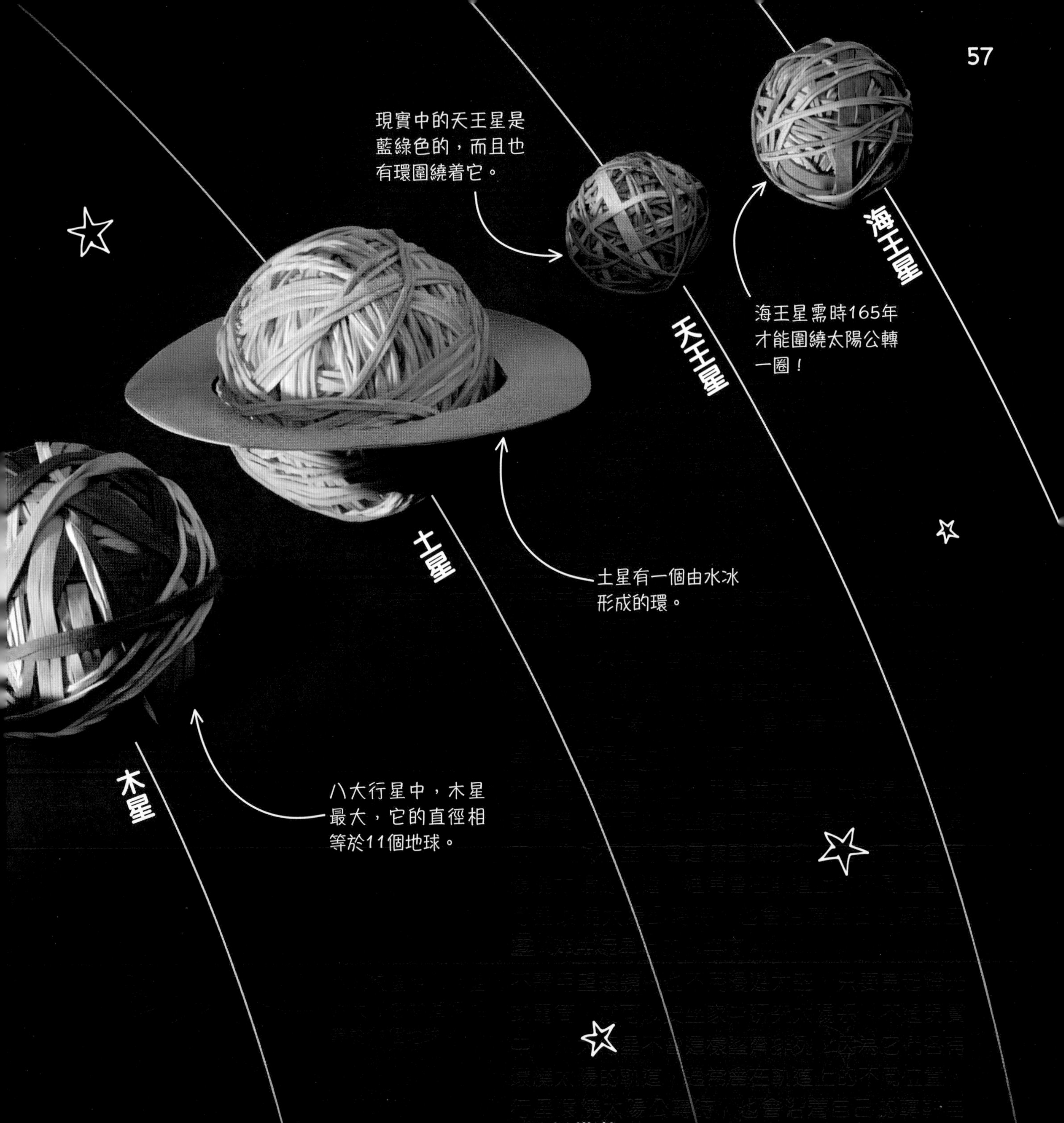
現實中的天王星是
藍綠色的，而且也
有環圍繞着它。
海王星
天王星
海王星需時165年
才能圍繞太陽公轉
一圈！
土星
土星有一個由水冰
形成的環。
木星
八大行星中，木星
最大，它的直徑相
等於11個地球。

## 星球巡遊

不需用望遠鏡，也不用漫遊太空，只要亮起燈光或電筒，就可以安坐家中研究太陽系。不過現實中，八大行星不會這樣整齊排列，因為它們各有環繞太陽的軌道，通常會在軌道上的不同位置。行星環繞太陽公轉時，也會沿着自己的轉軸自轉，產生行星上的日與夜。

# 如何製作
# 橡皮筋太陽系？

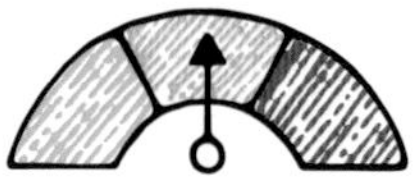
**需時**
90分鐘

**難易度**
中等

要製作太陽系模型，你需要一堆不同顏色的橡筋，選購一大袋的會比較便宜。從近到遠，按照與太陽的距離來排列八大行星，可以幫助你記住行星的名字和位置。雖然這個模型不是完全根據實際比例所做的，但可以讓你對於行星的相對大小有大概印象。

**實驗工具：**

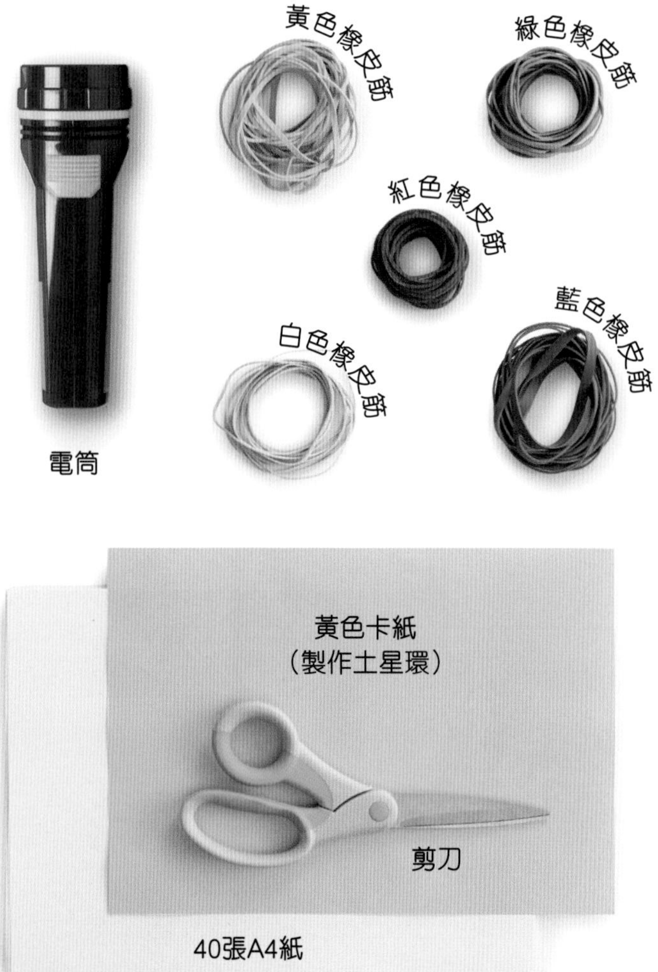


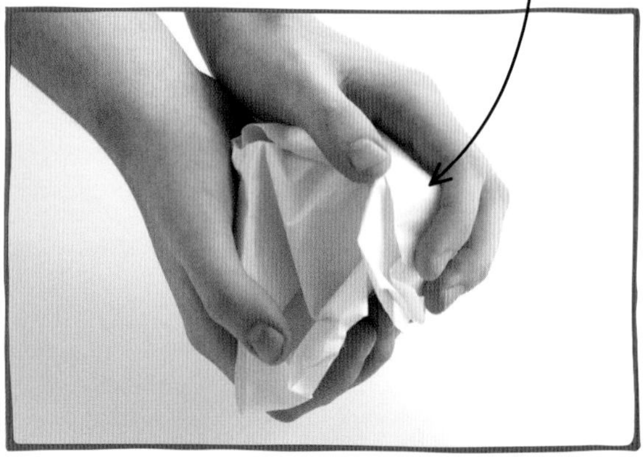


**1** 每個行星模型的中心都是一個紙球。製作較細小的行星，可以用一張或少於一張紙。製作較大的行星，可以先捏皺一張紙，再在外面用多幾張紙包圍它。

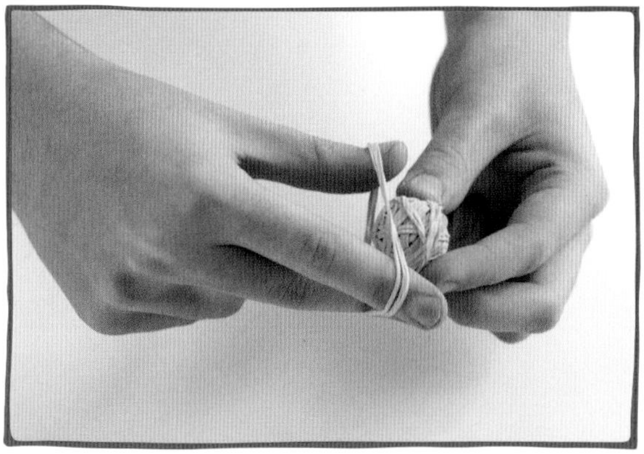

**2** 製作水星模型，只需要用四分之一張紙。然後用白色橡皮筋從不同角度用力套住紙球，直到看不見白紙。

要從不同角度加上橡皮筋，確保紙球被完全覆蓋。

**太陽系中，所有星球都以相同方向圍繞太陽公轉。**

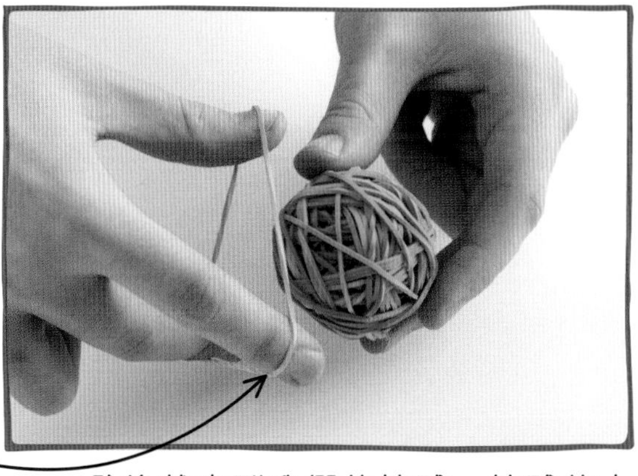

地球是唯一已知有生物存在的星球。

**3** 製作金星模型，需要用一張白紙，以及黃色和紅色的橡皮筋。從地球觀看金星時因其表面反射陽光而十分明亮。金星地表表面有很多岩石，並籠罩在黃白色的毒氣雲下面。

**4** 然後就來到我們的地球。地球的大小跟金星差不多，只需要用一張紙，並捆上許多藍色橡皮筋代表海洋，和一些綠色橡皮筋代表陸地。

**5** 下一站是火星，它只有地球一半大小，可用半張紙做紙球，然後捆上紅色橡皮筋。火星又稱為「紅色星球」，因為上面布滿紅色塵土。

如果有啡色的橡筋，也可以捆上去。

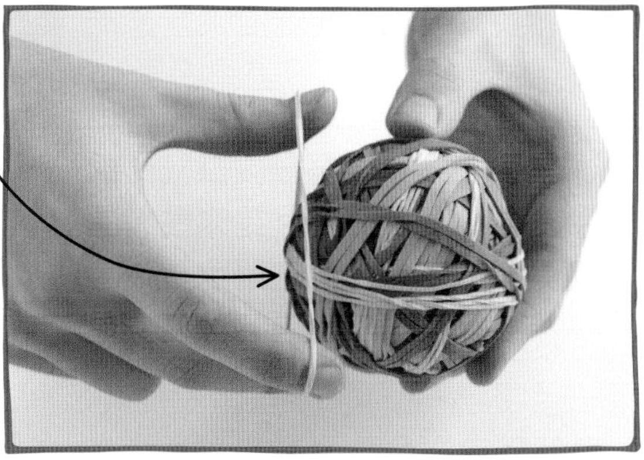

**6** 然後就是太陽系中最大的行星：木星。這次要用到6張紙，然後用紅色、黃色和白色的橡皮筋，模仿木星濃密大氣層上的鮮豔條紋。

**7** 黃褐色的土星是太陽系中第二大行星，這次用5張紙及黃色橡皮筋。土星以土星環聞名，主要成分是水冰和岩石。用黃色卡紙或紙張剪出一個環，套在土星模型上。

**8** 真實的土星環不會碰到土星，不過你製作的土星環要剛好套在土星上，否則可能會掉下來。

現實中，土星環
會高速轉動！

**9** 距離太陽再遠一點的是天王星。天王星比地球大得多，卻沒有木星或土星那樣大。它厚厚的大氣層是藍綠色，可以用4張紙製作紙球，然後套上綠色和白色的橡皮筋。

**10** 八大行星中距離太陽最遠的就是海王星。海王星比天王星小一點，可以用3張紙製作紙球。海王星的大氣層含有甲烷，看上去是藍色，可以給模型套上藍色橡皮筋。

**11** 做好八大行星的模型，是時候按次序排列，由左至右，分別從水星到海王星。在暗黑的房間裏，可以用電筒的光線代表太陽。

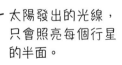

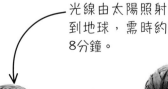

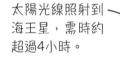

太陽發出的光線，
只會照亮每個行星
的半面。
光線由太陽照射
到地球，需時約
8分鐘。
太陽光線照射到
海王星，需時約
超過4小時。

## 延伸實驗

想在房間展示你的太陽系，不妨製作一個可懸掛的擺設，還需要製作太陽的模型。現實中，太陽的直徑是地球的過百倍，不過就製作模型而言，只需用上15張紙來製作紙球，並捆上黃色橡皮筋。

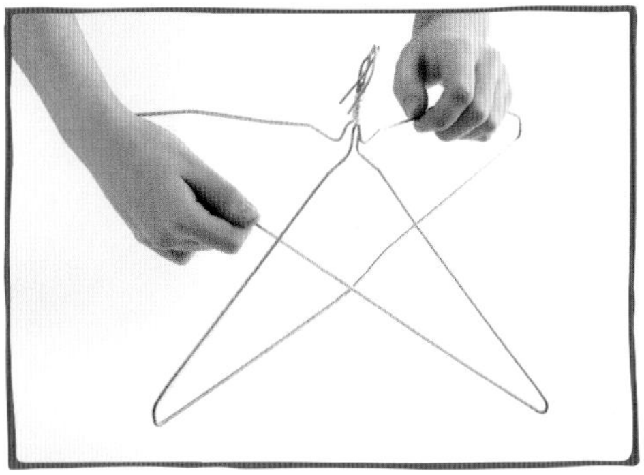

1 製作展示架，可把兩個衣架交叉放，用魚線或膠紙固定。用30厘米的魚線綁住各模型，確保不會鬆脫。

2 將魚線的另一端綁在衣架上，讓模型高高低低地懸掛，而太陽要放在中心。請大人幫忙將擺設掛在高處。

## 運作原理

八大行星在太陽系裏高速移動。水星的運行速度是最快的，平均時速超過170,000公里！雖然移動得快，但行星不會胡亂飛行，它們有既定的軌道，並由太陽的重力拉住，跟我們跳起後被拉回地面的力一樣。太空中包括星球的所有物體，都是按着橢圓形的軌道運行的，而重力也會令月球和人造衛星在軌道上圍繞地球運行。

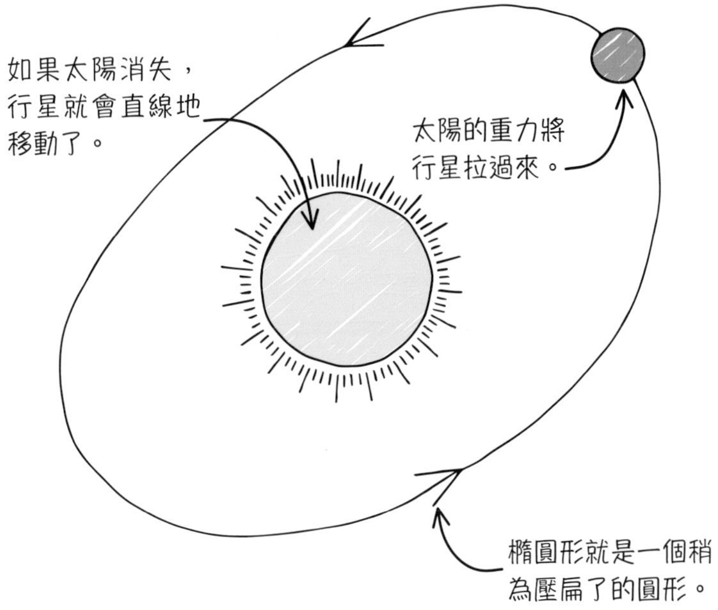
如果太陽消失，
行星就會直線地
移動了。
太陽的重力將
行星拉過來。
橢圓形就是一個稍
為壓扁了的圓形。

## 現實中的科學

### 與太陽的距離

太陽與行星的距離非常遙遠，如果要按準確比例擺放模型，地球模型就要離電筒250米遠！行星離太陽越遠，行星之間的距離便越大。

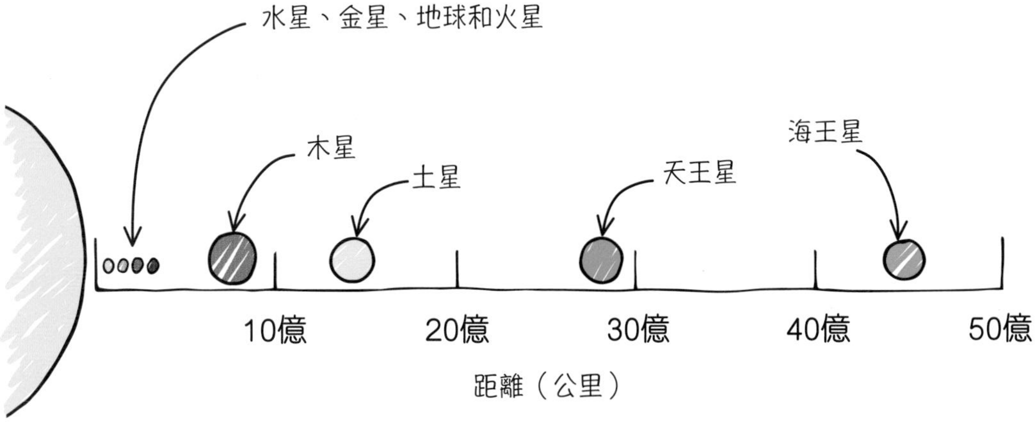
水星、金星、地球和火星
木星
土星
天王星
海王星
10億
20億
30億
40億
50億
距離（公里）

# 目眩萬花筒

想一次過欣賞到無窮無盡的七彩顏色，以及千萬變化的形狀和圖案，而且無需用電？萬花筒便做得到！萬花筒猶如一個管子，當你像使用望遠鏡那樣望進去，就能透過裏面的鏡子，看到另一端色彩繽紛的圖案。你可以用紙筒、膠文件夾和一堆漂亮的珠子，製作屬於你的萬花筒！

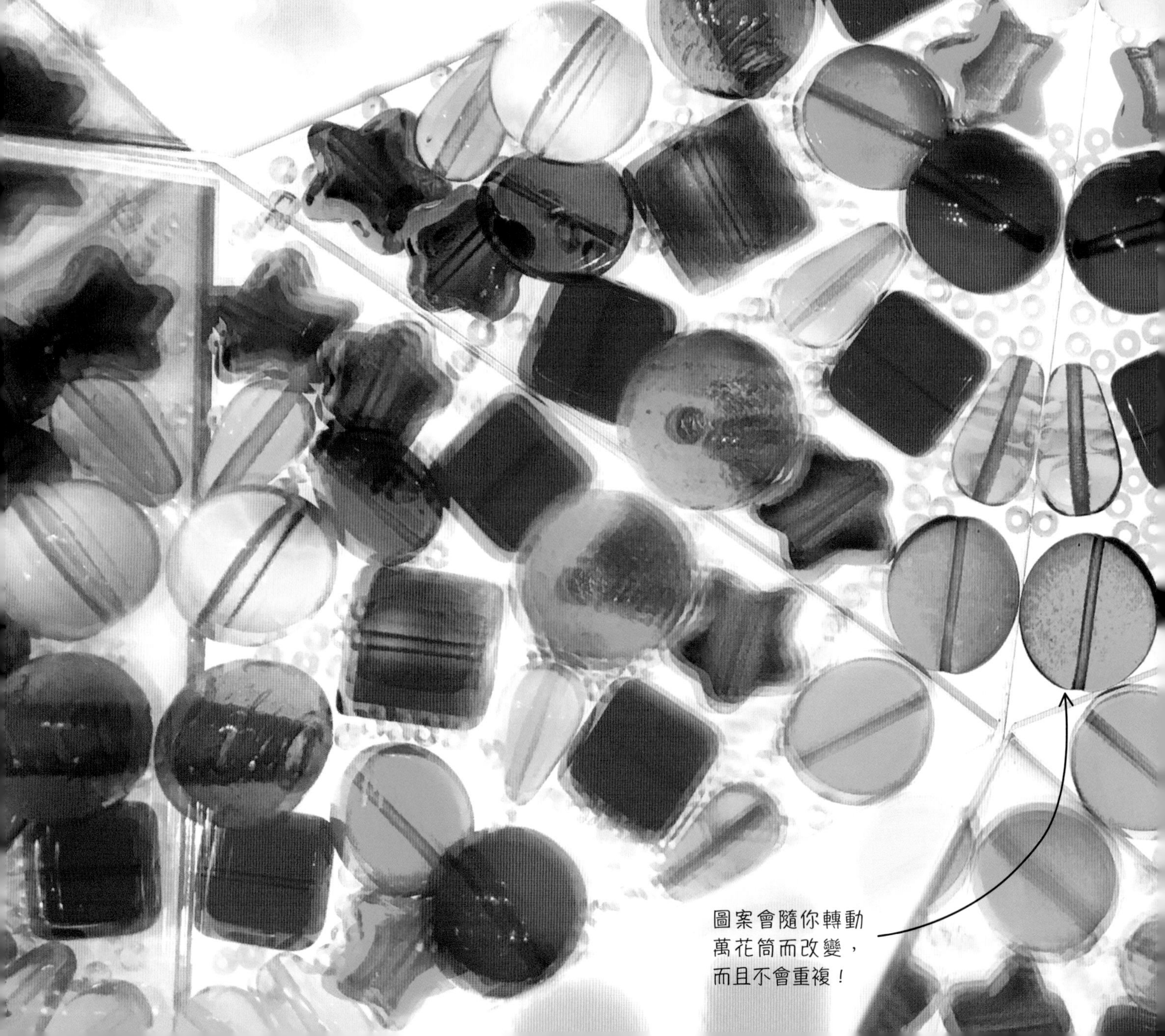

圖案會隨你轉動萬花筒而改變，而且不會重複！

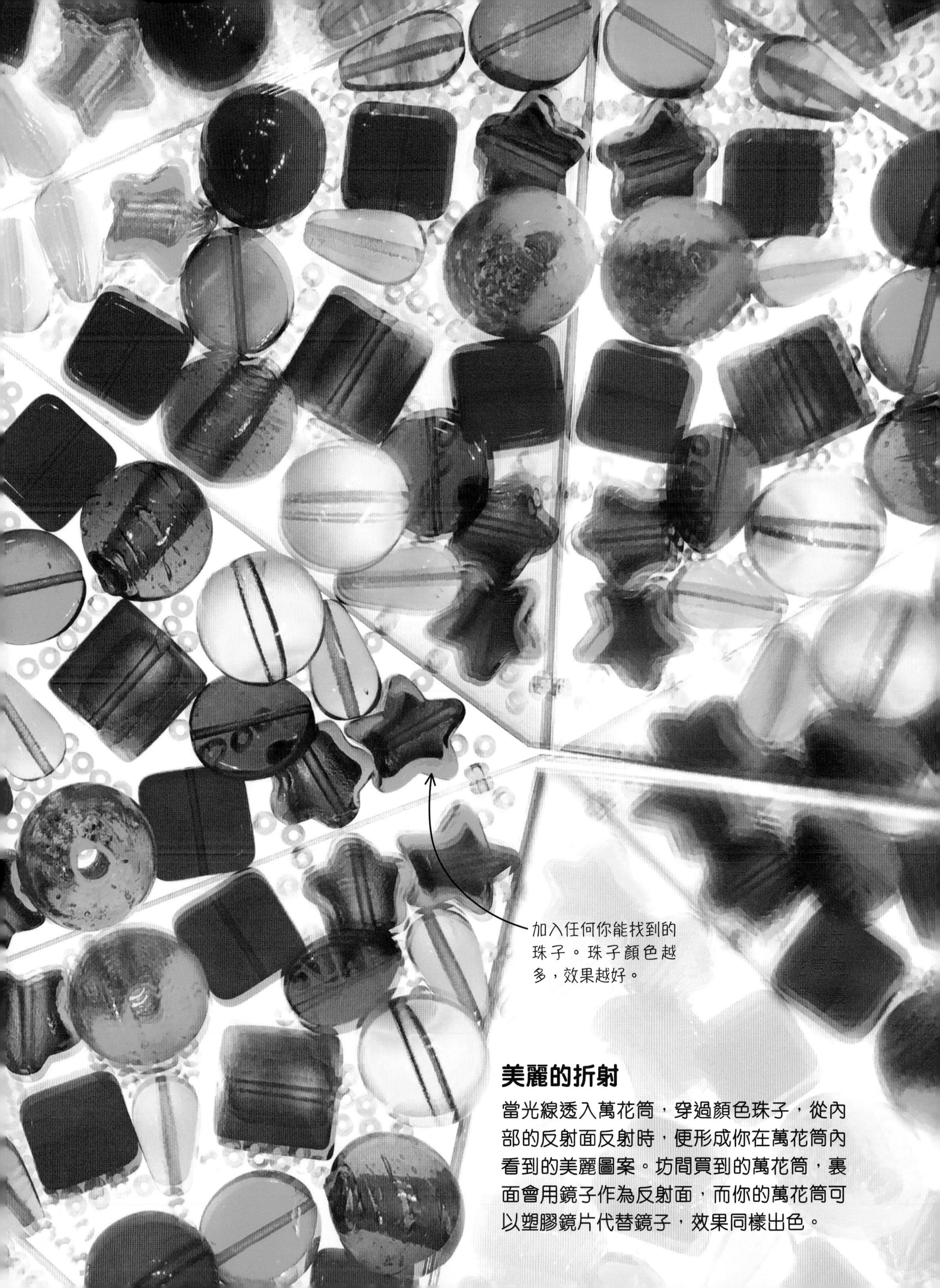

加入任何你能找到的珠子。珠子顏色越多，效果越好。

## 美麗的折射

當光線透入萬花筒，穿過顏色珠子，從內部的反射面反射時，便形成你在萬花筒內看到的美麗圖案。坊間買到的萬花筒，裏面會用鏡子作為反射面，而你的萬花筒可以塑膠鏡片代替鏡子，效果同樣出色。

# 如何製作目眩萬花筒？

廚房紙內的紙筒，大小正適合製作萬花筒。紙筒內要放置一個三角柱體，即由膠文件夾製成的三個反射面。如果你想效果更好，也可購買塑膠鏡片。完成後，可以將萬花筒指向燈光或窗外，然後從孔中望進去，但絕不可指向太陽，否則有機會令視力受損！

**需時**
30分鐘

**難易度**
困難

**實驗工具：**

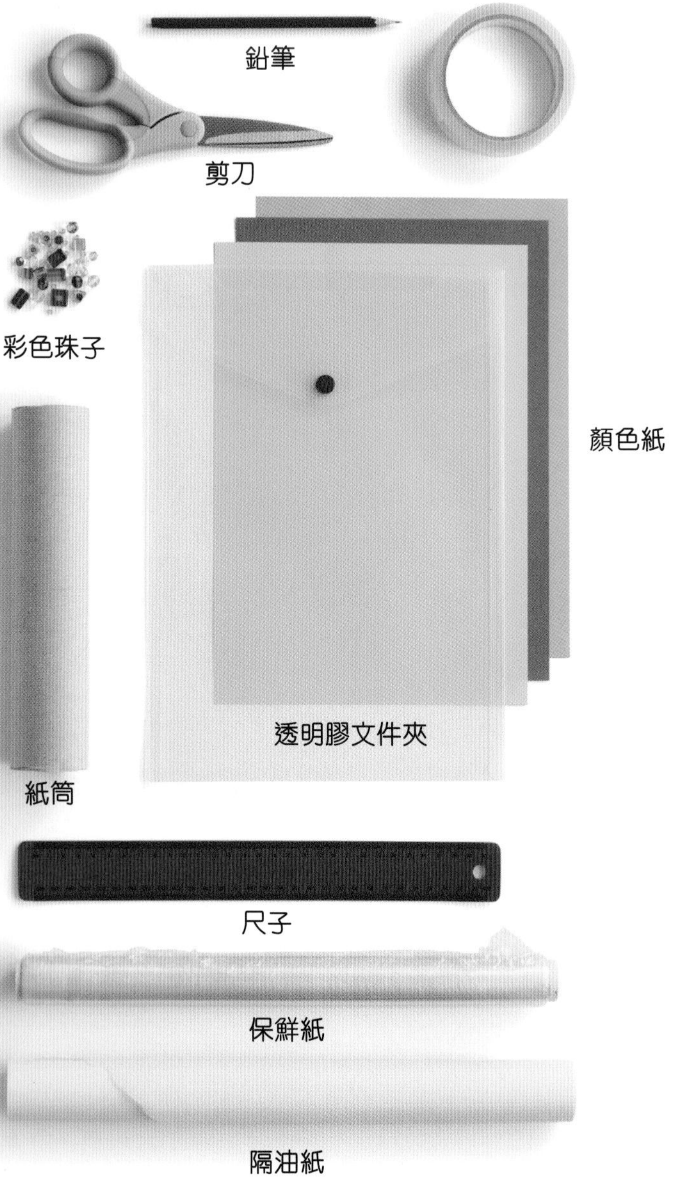


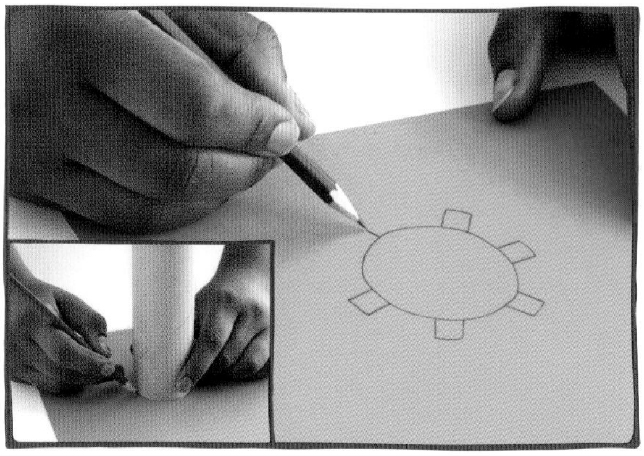

**1** 將紙筒豎直放在顏色紙上，沿着紙筒畫出一個圓形。在剛畫好的圓形周圍，如圖所示畫上6個凸出位，並裁剪出整個圖案。

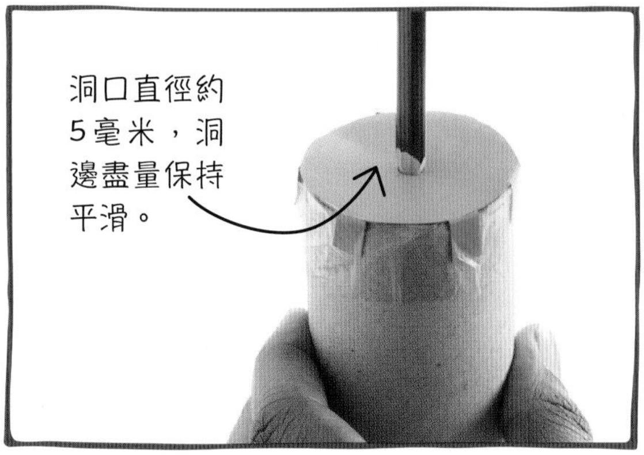

洞口直徑約5毫米，洞邊盡量保持平滑。

**2** 將圓形圖案放到紙筒一端，用膠紙把凸出位貼在紙筒上。用鉛筆尖刺穿中央，成為萬花筒的觀看孔。量度紙筒的高度和圓形的直徑。

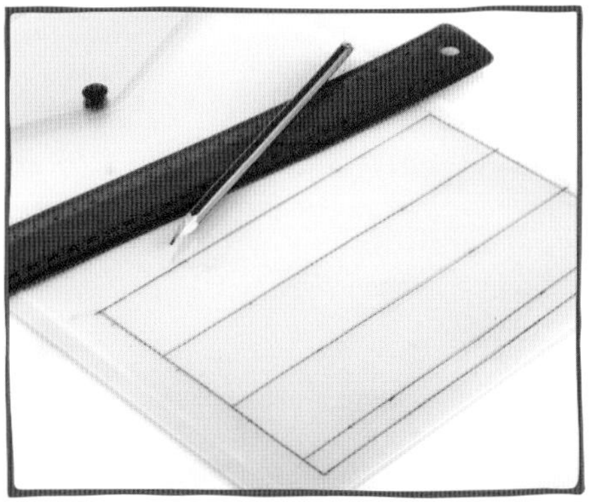

3 在膠文件夾上畫長方形，長度是紙筒的長度，闊度是圓形直徑的2.5倍，再將長方形分成3等分，並在一邊畫上一個窄身的黏貼位。

4 剪出長方形。用剪刀刀背和尺子沿着3條線畫痕。順着線摺出一個三角柱體，然後用膠紙在黏貼位縫合。

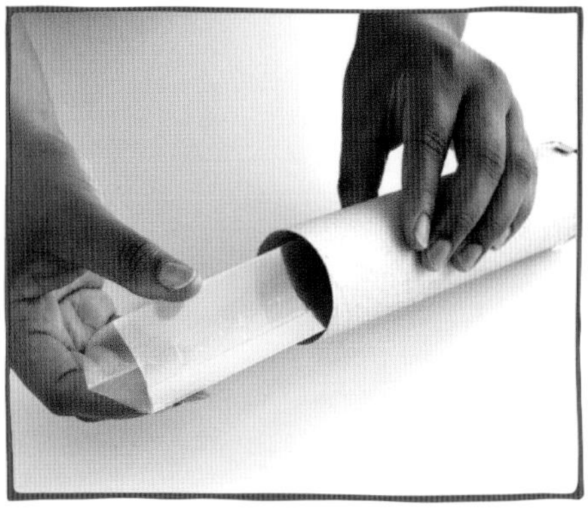

5 將三角柱體放進紙筒，直至末端的圓形顏色紙。大小應該剛剛好，但如果太鬆，可以用膠紙固定位置。

6 在紙筒開口處蓋上一層鬆鬆的保鮮紙，用膠紙把保鮮紙固定在紙筒。將彩色珠子放在保鮮紙上。

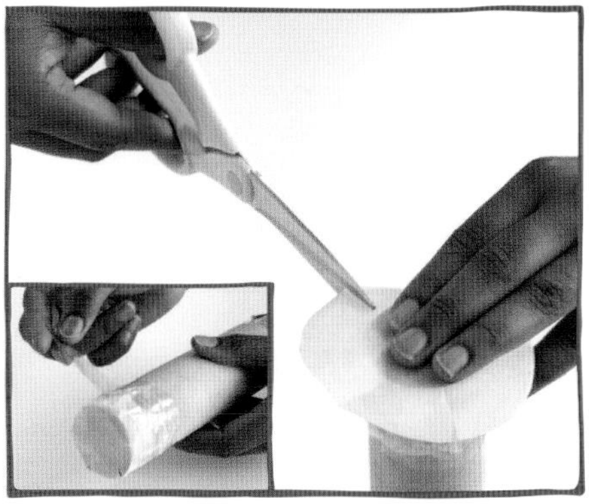

7 在隔油紙剪出一個比紙筒大的圓形，鋪到珠子上。剪開紙的邊緣，並向下摺，用膠紙貼在紙筒上。

8 你可以為萬花筒裝飾。把萬花筒指向窗口或燈光，從孔中望進去，慢慢轉動萬花筒，好好欣賞吧！

## 運作原理

萬花筒中央的圖案，就是紙筒底部填滿珠子的三角形。由於光線從紙筒底部經珠子表面反射進入萬花筒中，所以你可以直接看見三角形內的物件。而三角形周圍的反射鏡像，則是來自三角柱體的3個鏡面，光線由1至3個反光面反射出來，每個平面都像一塊鏡子，會改變光線前進的方向，令影像在鏡子後方出現。

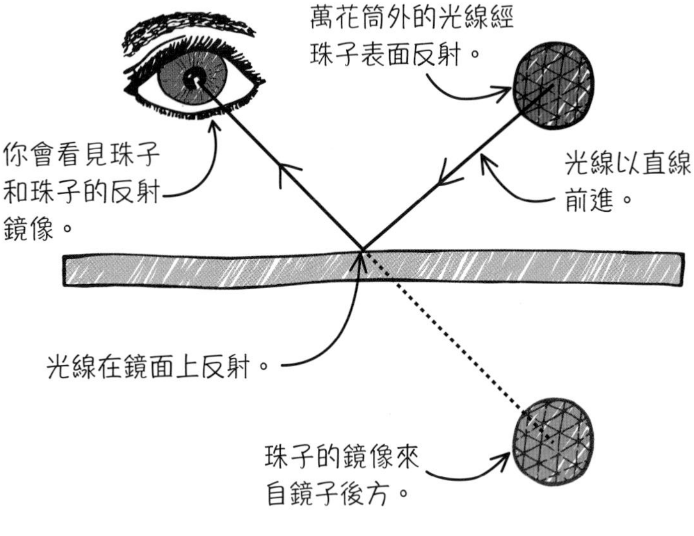

萬花筒外的光線經珠子表面反射。
你會看見珠子和珠子的反射鏡像。
光線以直線前進。
光線在鏡面上反射。
珠子的鏡像來自鏡子後方。

# 氣球火箭車

這次要製造一輛用空氣驅動的汽車。氣球火箭車的運作原理跟噴射機和火箭一樣，當空氣快速從氣球裏逃逸，並由車尾噴出，就會把車子向前推動。快吹脹氣球，看看你的車子能飆得有多快吧！呼～

可以想想，什麼形狀的車身會劃過空氣而走得更快？
75

氣球的橡膠充滿彈
性，令氣球內外的
氣壓保持穩定。
車尾噴出的空氣，
就是車子前進的推
動力。
車輪能抓住地面，
讓車子穩定前行。

## 開跑了！

你可以跟朋友一起製作氣球火箭車，然後比試誰的更快，你甚至可以製作賽道，看看哪一輛車子先衝過終點。但因為車子沒有方向盤不能轉彎，所以要留意賽道必須是直的。你知道怎樣可以使車子走得更快更遠嗎？

# 如何製作 氣球火箭車？

車身由瓦通紙製作而成，裁剪時要小心，不要令它屈曲或有摺痕。以下示範了其中一款車身的外形，你也可以設計任何形狀。給車子上色時，先在枱上鋪好報紙，方便打翻顏料時清潔乾淨。

**需時**
30分鐘，另加等待顏料乾透的時間

**難易度**
中等

**實驗工具：**

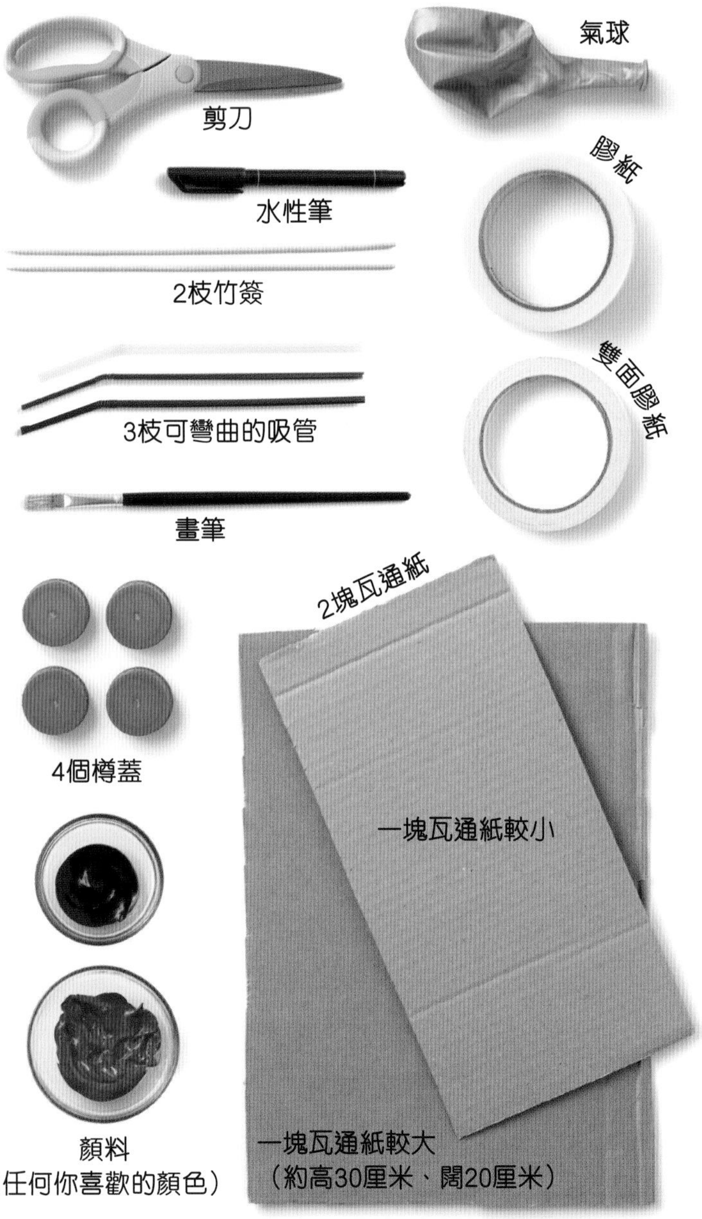


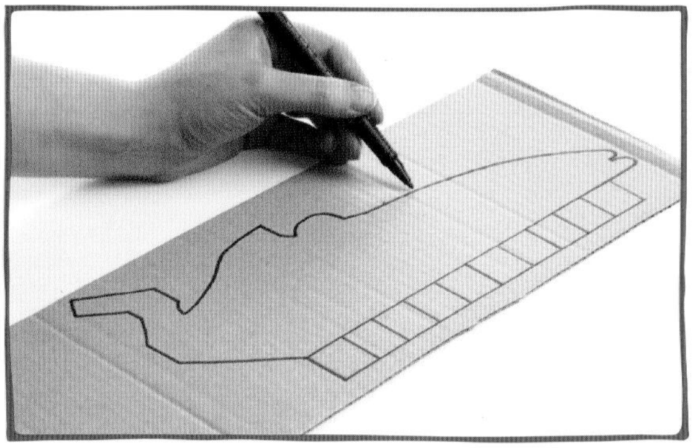

**1** 在較大的瓦通紙上，畫出車子的形狀。車身下預留空間，以尺子輔助畫一排2厘米闊的長方格。這排長方格是車子底部的黏貼位。

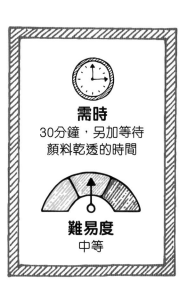

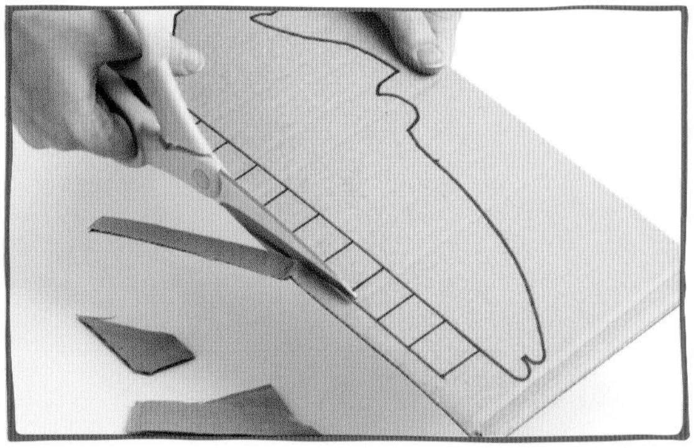

**2** 剪出圖案。同時剪開長方格之間的線，方便在步驟11摺疊。

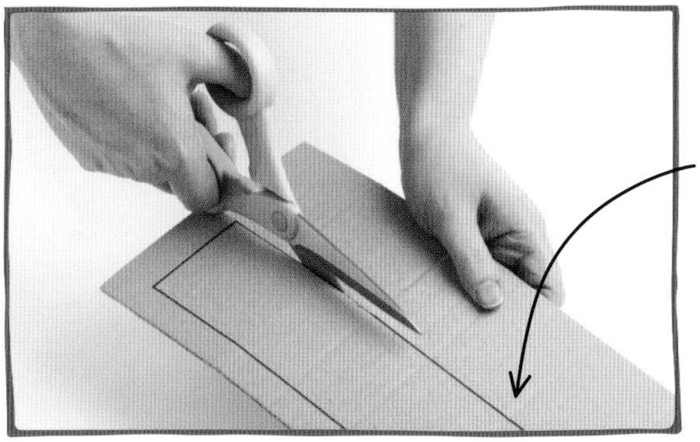
以尺子輔助
畫出直線。

3 現在製作車子的底部。在較小的瓦通紙上畫一個長方形，確保長度跟步驟1一排長方格的總長度一樣，闊度為3厘米。

4 樽蓋是車輪。請大人先用螺絲批鑽穿樽蓋，然後你用竹簽穿過孔洞，有需要可以把黏土放在樽蓋下保護枱面。

5 組合車子前，先給所有瓦通紙上色。你可選用任何顏色，把車子底部的一面，和車身的兩面上色。上色前，也要先鋪好報紙，以免弄污枱面。

你需要多塗幾層
顏料，才能得到
你想要的顏色。
只需要給車子底部
其中一面上色。
你也可以給車輪
上色。

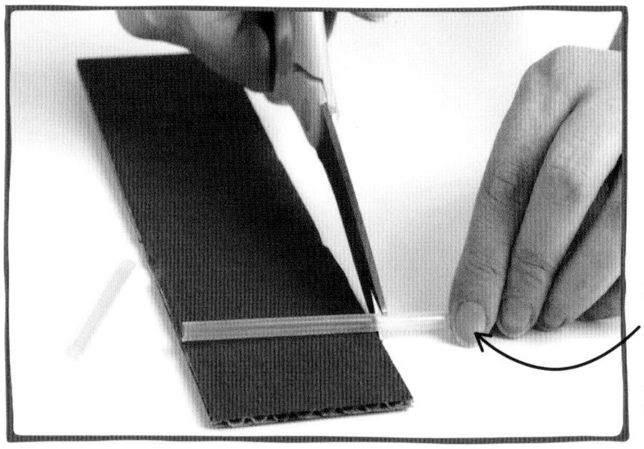

把吸管平放在車子底部的組件上，按照底部的闊度來剪。

6 把一枝吸管剪成兩條跟車子底部一樣闊的管子，用來固定車軸，讓車輪可以自由轉動。

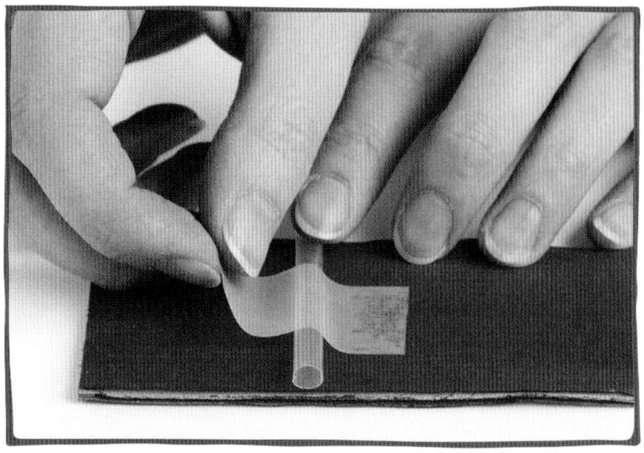

7 在底部兩端距離邊緣2至3厘米的位置，分別用膠紙貼上吸管，盡量讓吸管跟底部兩端平行。

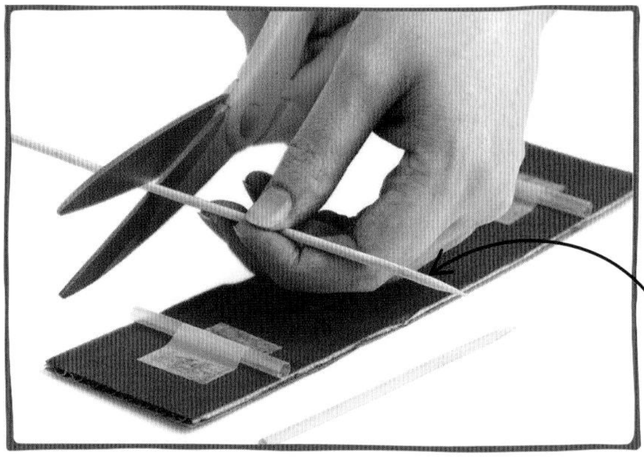

要留意剪斷竹簽時，有機會令竹簽向上仰。

8 然後製作車軸，將兩枝竹簽剪成吸管的兩倍長度，保留其中一邊的尖端。使用剪刀要小心！

小心手指，也要小心車軸的兩端容易折斷。

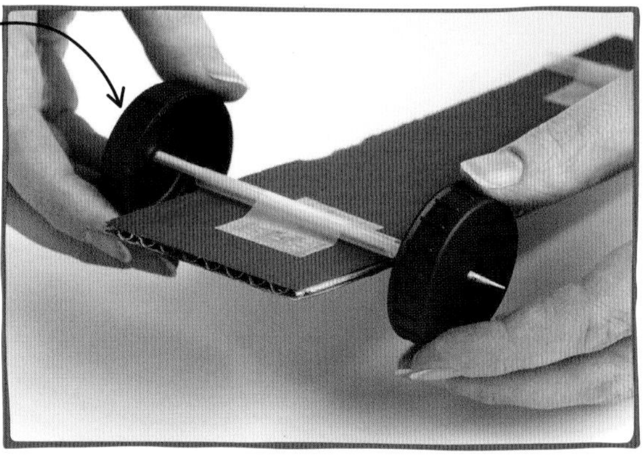

9 把車軸的尖端塞進其中一個車輪，穿過吸管。接着，把另一個車輪套進竹簽的另一端。

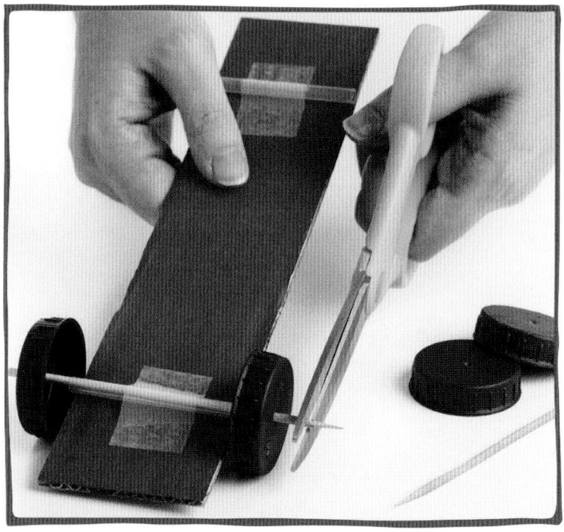

10 安全起見，剪走車軸的尖端。然後重複步驟9，裝上另一條車軸和兩個車輪。把車軸推進車輪時要特別留神，你可以在車軸的兩端貼上膠紙，確保車輪不會滑落。

**一級方程式賽車車底，是用輕巧而堅固的碳纖維製造的。**

## 11

把車身下的長方格一左一右地摺起，在每個長方格下貼上小塊的雙面膠紙，貼在安裝好車輪的底部上。

如果家中沒有雙面膠紙，也可以用膠水。
摺起長方格時要小心，不要弄斷。
檢查車輪能否順暢地轉動。

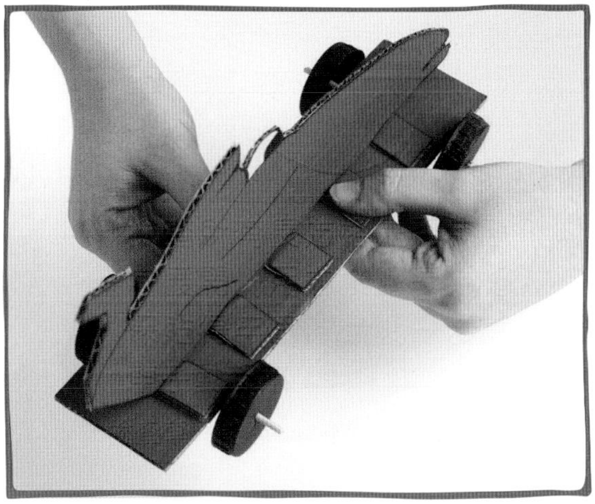

## 12

檢查所有長方格是否向正確方向展開，用力按壓長方格，確保貼得牢固。最後一步就是令車子動起來！

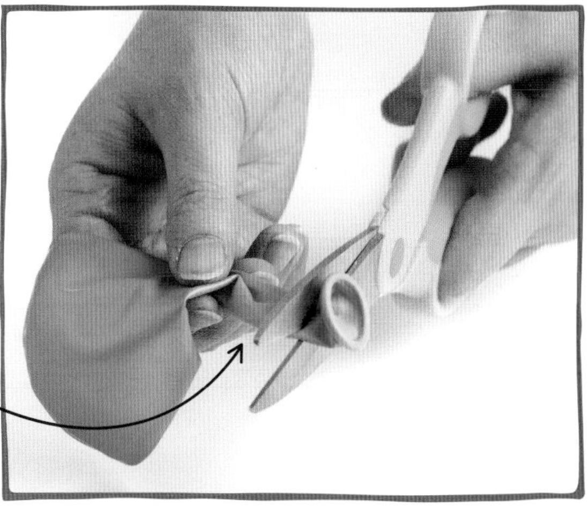

盡量貼近氣球的開口來剪。

## 13

剪走氣球末端的開口。車子的動力來自從你肺部吹入，並壓縮及儲存在氣球內的空氣，一旦噴出來就會驅動車子飛馳。

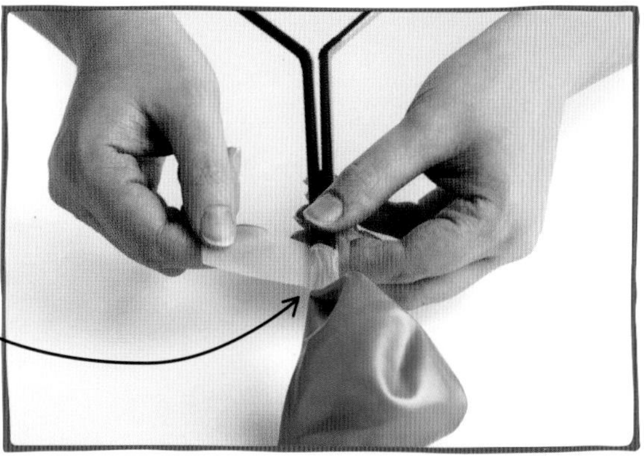

要將氣球開口貼得非常牢固，否則會漏氣。

**14** 將兩枝吸管的較長部分放進氣球開口，用膠紙包裹接口。盡量把氣球開口貼緊，確保空氣不會從這裏漏出。

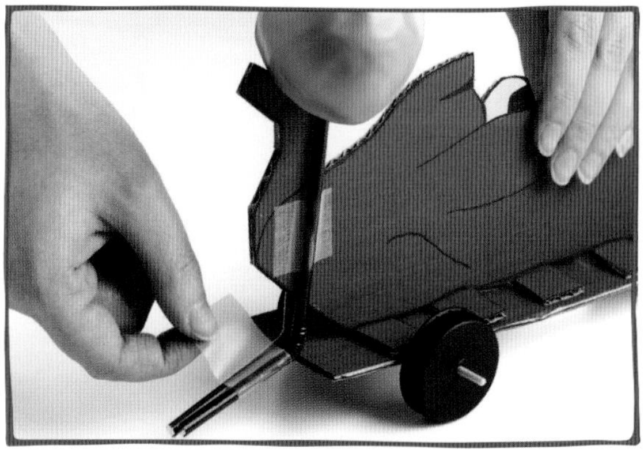

**15** 將吸管放在車尾，用膠紙貼穩。汽球放上面，吸管向後彎曲，像汽車的排氣管，再用膠紙貼穩。

**16**

氣球火箭車完成了！用拇指和食指握着氣球的末端，從吸管把氣吹進去。吹脹氣球後，揑住氣球的末端，把空氣困在內。將車子放到地上，然後放手，讓它飛馳吧！

車子上有寫上你的幸運號碼嗎？

## 延伸嘗試

試用不同物料製作車身，例如下圖的膠樽，看看車子速度有什麼變化。你可以只用一枝吸管，貼好封口，不要漏氣。你還可以將氣球吹至不同大小。氣球越大，車子會行駛得更遠或更快嗎？

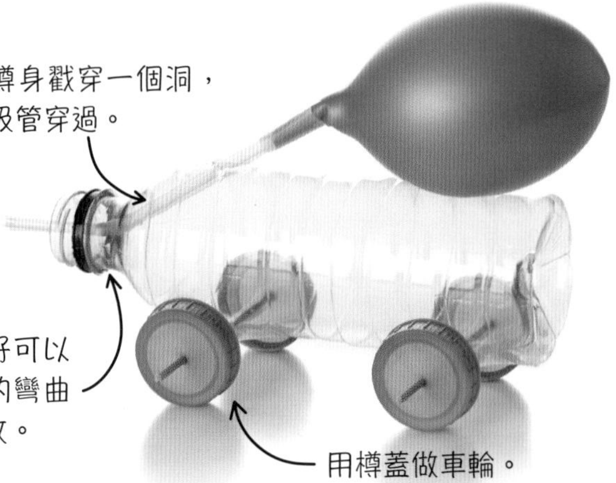

在樽身戳穿一個洞，讓吸管穿過。

樽口剛好可以讓吸管的彎曲部分平放。

用樽蓋做車輪。

車輪的大小和物料都會影響車子的速度。如果家裏有舊光碟或圓紙板，可以做較大的車輪，看看結果會怎樣？

# 運作原理

由於氣球的橡膠充滿彈性，當你吹脹氣球時，你吹進去的空氣，會令氣球表面的橡膠伸展開來。橡膠反推空氣時，空氣便會從唯一的出口（吸管）排出。當空氣遊走到吸管的彎曲位，便會反彈及改變方向，水平地排出。空氣向後噴出，就會推到車子向前衝。越多的空氣短時間經吸管排出，推動車子的力就越大。

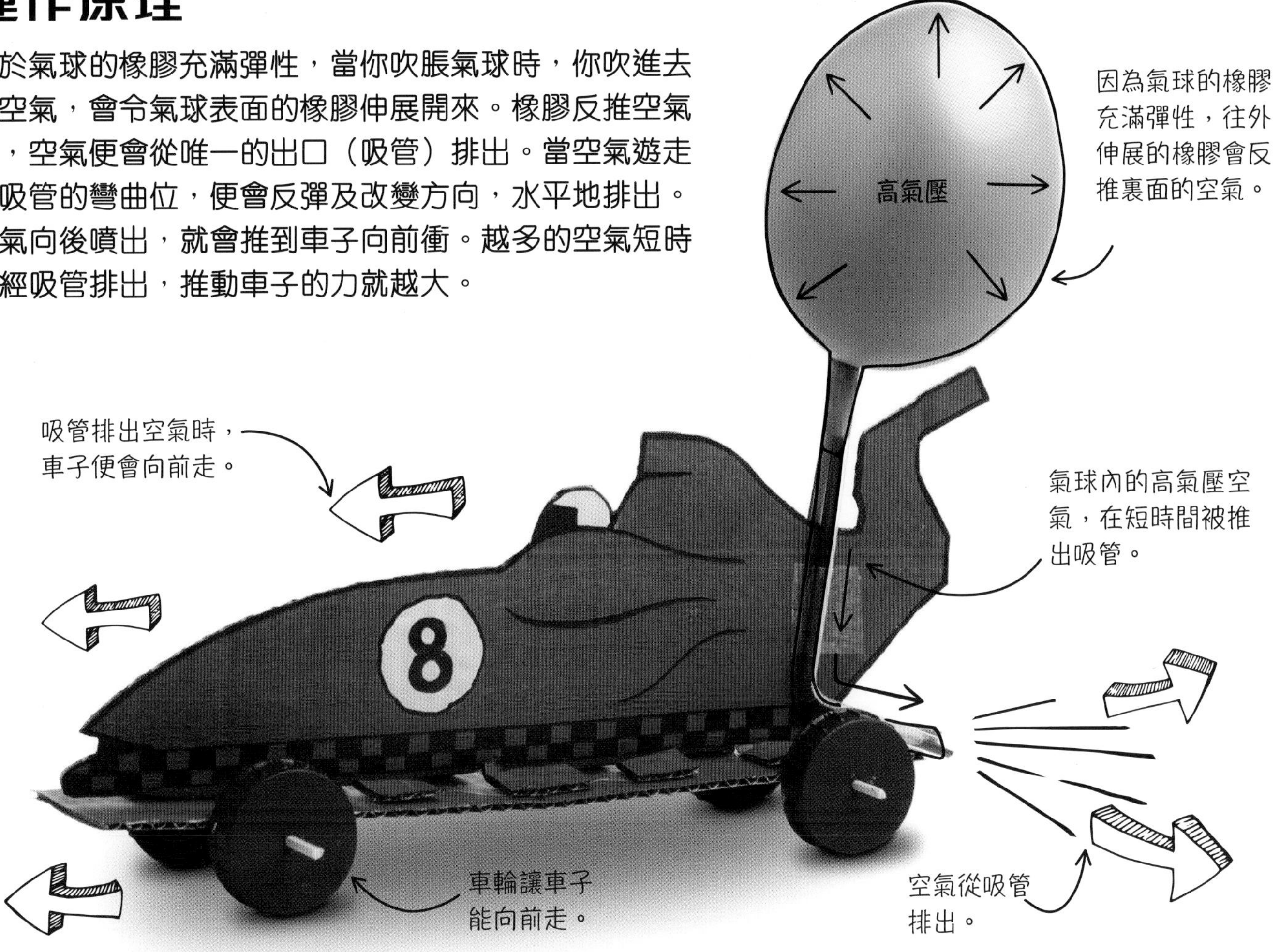
因為氣球的橡膠
充滿彈性，往外
伸展的橡膠會反
推裏面的空氣。
高氣壓
吸管排出空氣時，
車子便會向前走。
氣球內的高氣壓空
氣，在短時間被推
出吸管。
8
車輪讓車子
能向前走。
空氣從吸管
排出。

# 現實中的科學

## 噴射引擎

在飛機的噴射引擎，旋轉的渦輪葉片會將空氣抽進去。這些空氣經過加熱和壓縮，會變成熱氣，從飛機的排氣管排出。當熱氣向後噴射，就會推動飛機向前高速飛行。

## 空氣阻力

汽車外形設計成流線形的，以盡量減少空氣的阻力或拉力。汽車行駛時，會將空氣推開。

你用瓦通紙做的車子很
薄，空氣阻力不大。
8

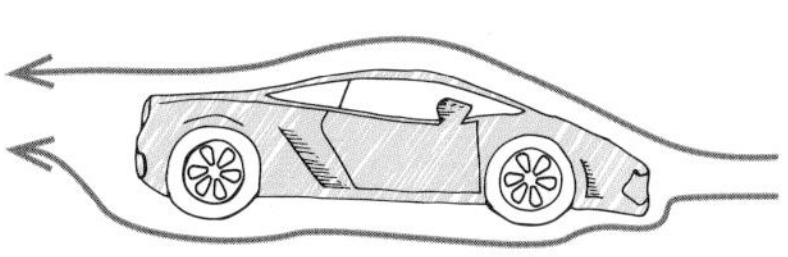

很多跑車都是尖頭的，咻一聲劃過空氣，它們車身都是流線形的，速度很快。

正方或長方形的車輛，例如巴士，則會面對較大的阻力，減慢行駛速度。

# 雪條棒橋樑

一條雪條棒很脆弱，但當你將多條雪條棒砌成「剛性結構」（即結構堅固、不易變形），它們就能承載很重的物件，效果令人驚訝。試用雪條棒、白膠漿和皺紋膠紙來建造你的橋樑，測試它的承重力。承重的秘訣就是結構中的三角形設計，砌好這條橋後，你還想再建一座更長的橋吧？要記得三角形結構就是穩固的關鍵啊！

三角形結構是這座橋的承重關鍵。

## 屹立不倒的三角形

三角形是一個「剛性形狀」，而將幾個三角形連接起來，就形成一個大型的「剛性物體」。當一系列的剛性物體再組合成單一物體，這物體便稱為「桁架」（桁粵音衡）。世上幾乎每個建築物都會有桁架結構，而且差不多所有桁架都有三角形組件。

假如你用磚頭或
重物來測試橋樑
的承重力，小心
別讓它們掉下來
砸到腳啊！
給橋樑塗上你最
喜愛的顏色。

# 如何製作 雪條棒橋樑？

製作橋樑不要心急，花點時間準確地黏住材料，並讓白膠漿徹底乾透，這樣橋樑才會更加穩固。請你首先在枱上鋪好報紙，以免白膠漿弄污枱面。另外，騰出足夠空間放置完成後有待組裝的橋樑組件。

**需時**
2小時

**難易度**
困難

**實驗工具：**

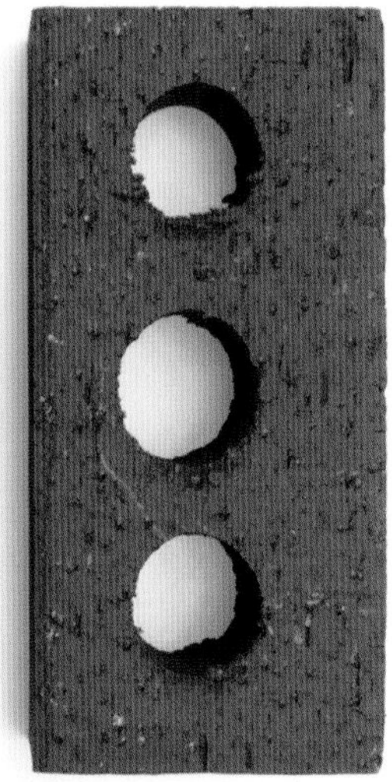

磚頭（或其他重物）

約70條雪條棒

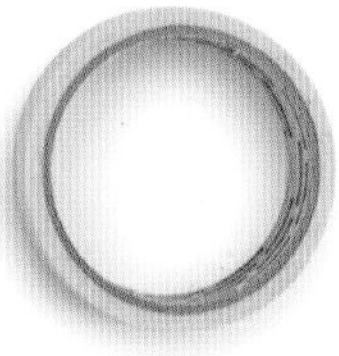

皺紋膠紙

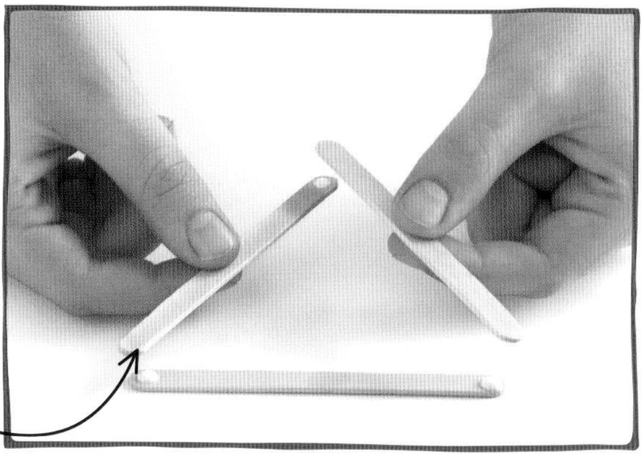

按壓雪條棒，等候1分鐘讓白膠漿乾透。

**1** 先做橋的一邊。將3條雪條棒砌成等邊三角形，即三邊長度及角度都一樣，用白膠漿黏住3個連接點。

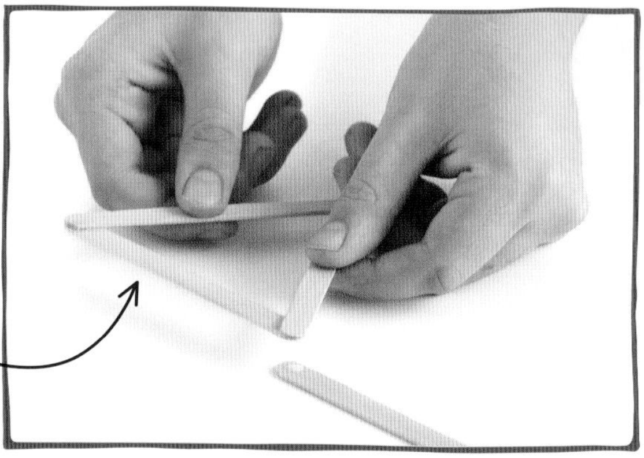

慢慢把三角形貼在雪條棒上。

**2** 在另一條雪條棒的一端塗上白膠漿，把三角形的一個角壓在上面。

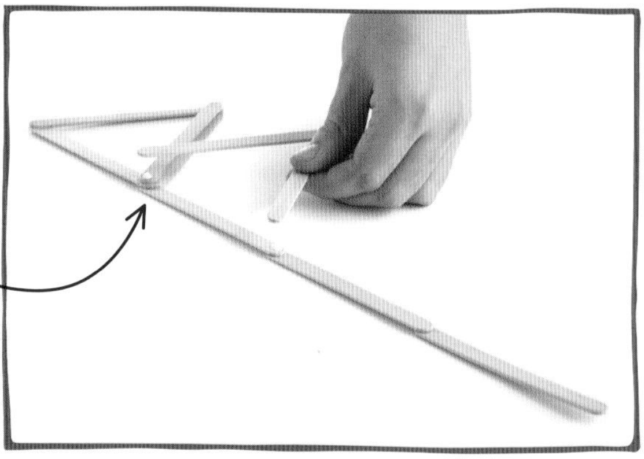

將雪條棒的尾部黏在一起，形成另一個三角形。

**3** 拿出兩條雪條棒連成直線，每條都黏在上一條的下面。在直線的第2條雪條棒上，黏上等邊三角形的兩邊。

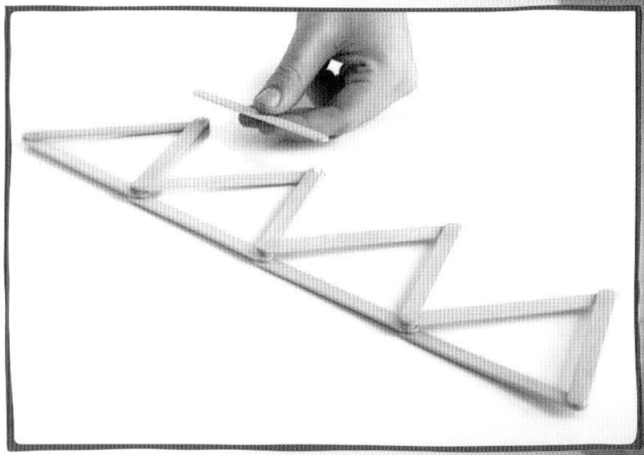

**4** 重複步驟直到形成4個連着的三角形。在4個三角形的頂部貼上3條雪條棒，把三角形的頂角連在一起。

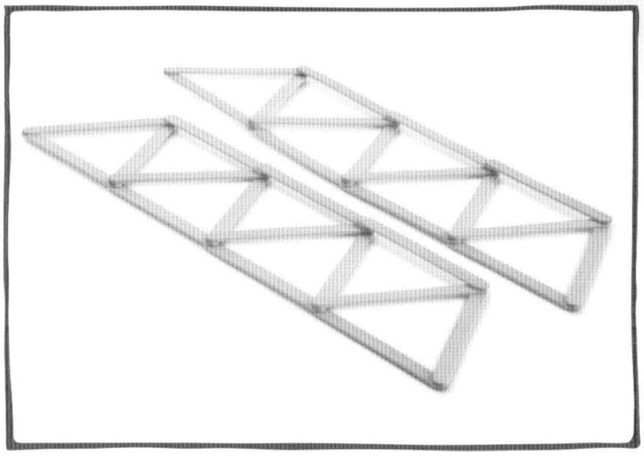

**5** 橋的一邊完成後，重複步驟1至4，製作另一邊。然後放在一個安全和陰涼的地方，靜待白膠漿乾透。

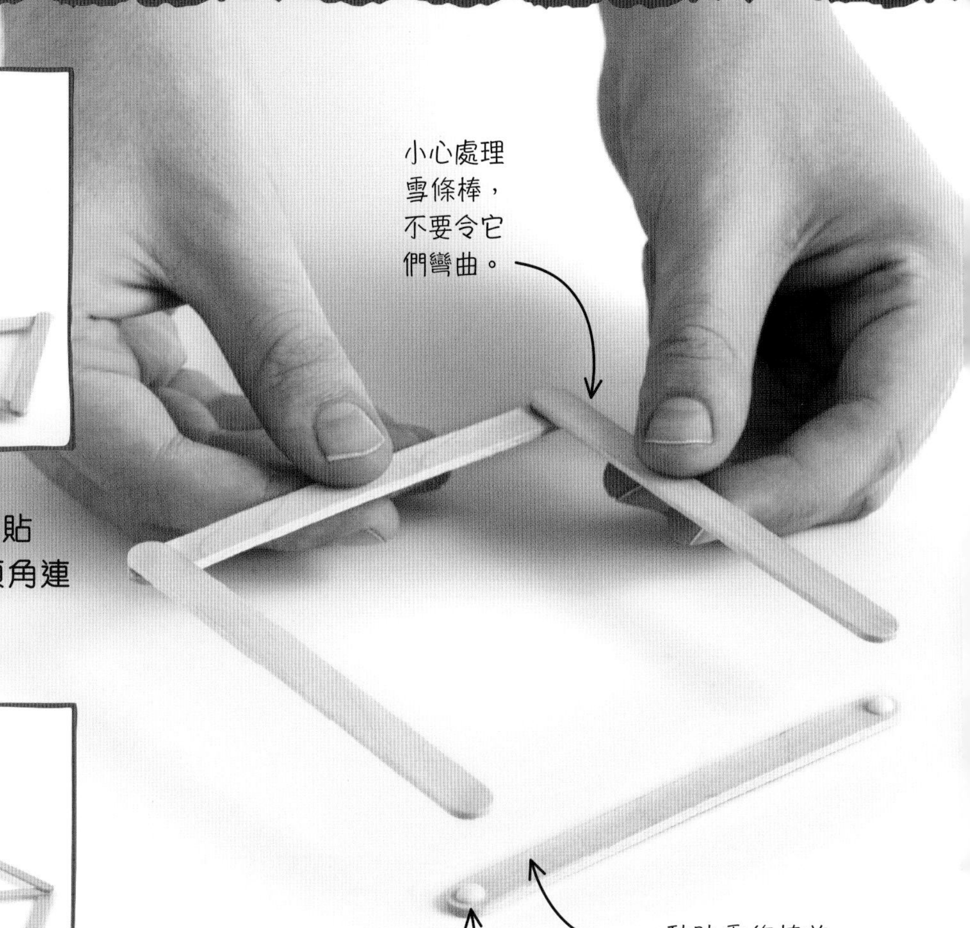

小心處理雪條棒，不要令它們彎曲。
黏貼雪條棒前，記得要先對齊。
只需要少量的白膠漿。

**6** 開始做橋底。將4條雪條棒的兩端黏在一起，砌成正方形。等候約1分鐘，讓白膠漿乾透。

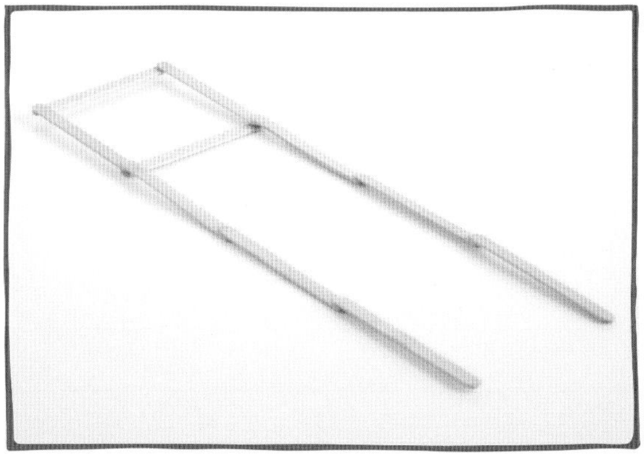

**7** 在正方形的一隻角黏上3條雪條棒，連成直線。在鄰角重複步驟，並確保兩條直線是平行的。

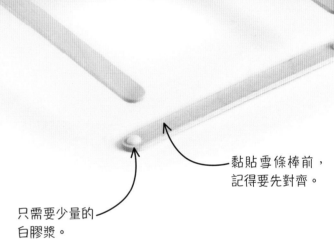

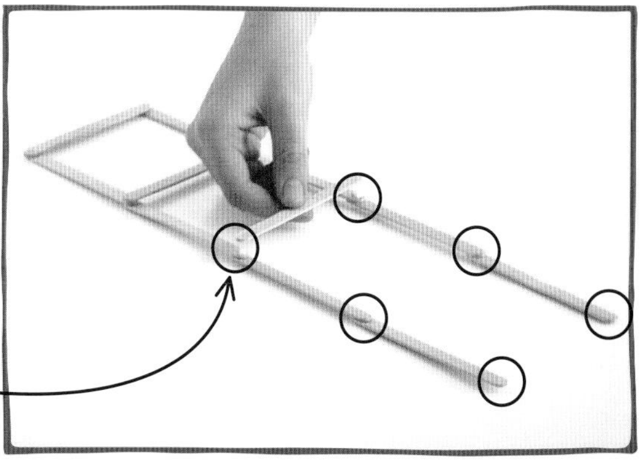

將雪條棒的兩邊黏到接駁位上。

**8** 在接駁位，先後打橫貼上4條雪條棒，形成4個正方形。

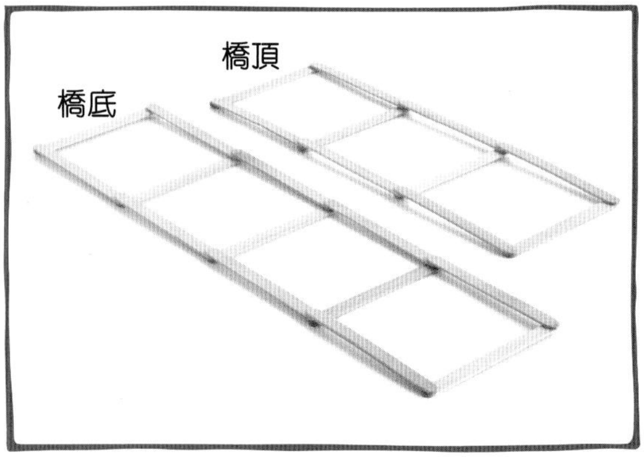


9 用10條雪條棒重複步驟6至8，製作只有3個正方形的橋頂。

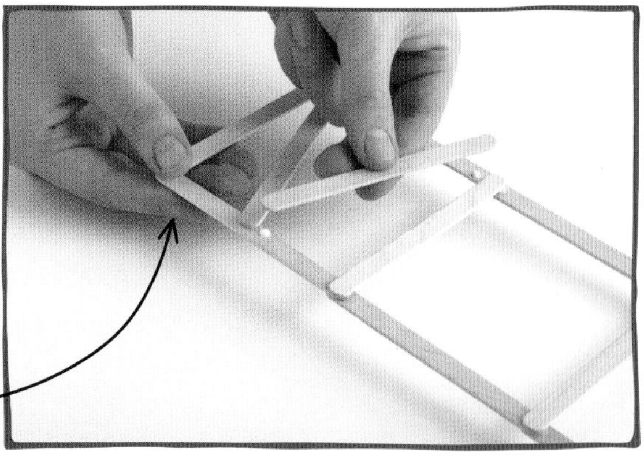

黏上雪條棒時，要牢牢拿着正方形的角。

10 把雪條棒的一邊黏在正方形一角，另一邊黏在對面線的中間位置，總共形成3個三角形。其餘正方形重複這個步驟。

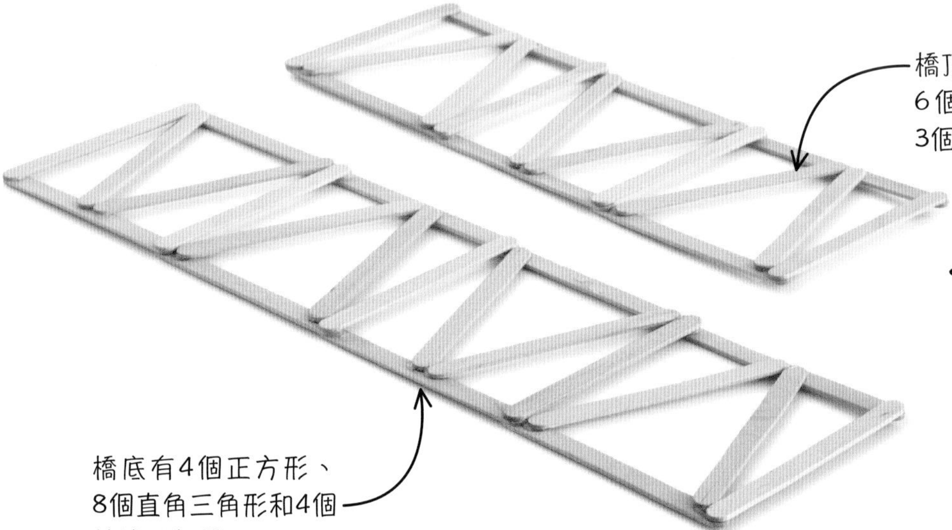

橋頂有3個正方形、6個直角三角形和3個等邊三角形。

橋底有4個正方形、8個直角三角形和4個等邊三角形。

11 在橋頂和橋底都以三角形來加強結構後，先將它們放在一旁，等白膠漿乾透就可以把整座橋樑組合起來。

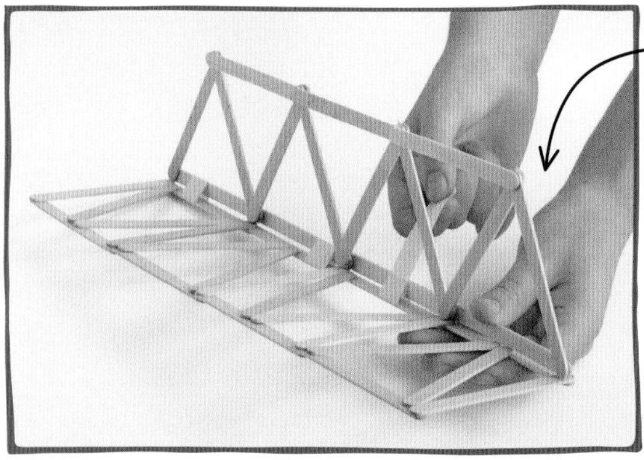

這個步驟有些難度，可以大人一起製作。

12 平放橋底，將橋的一邊與橋底形成直角。用皺紋膠紙貼穩兩組雪條棒，確保它們牢牢黏住。

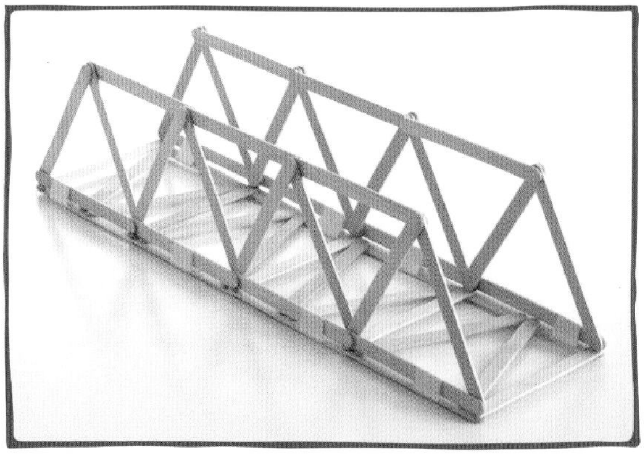

13 重複步驟12，貼穩橋的另一邊。橋的兩邊都是垂直的，並與橋底形成直角。

**14** 橋頂用同樣方法固定，與下面兩邊形成直角，用皺紋膠紙牢固貼着。

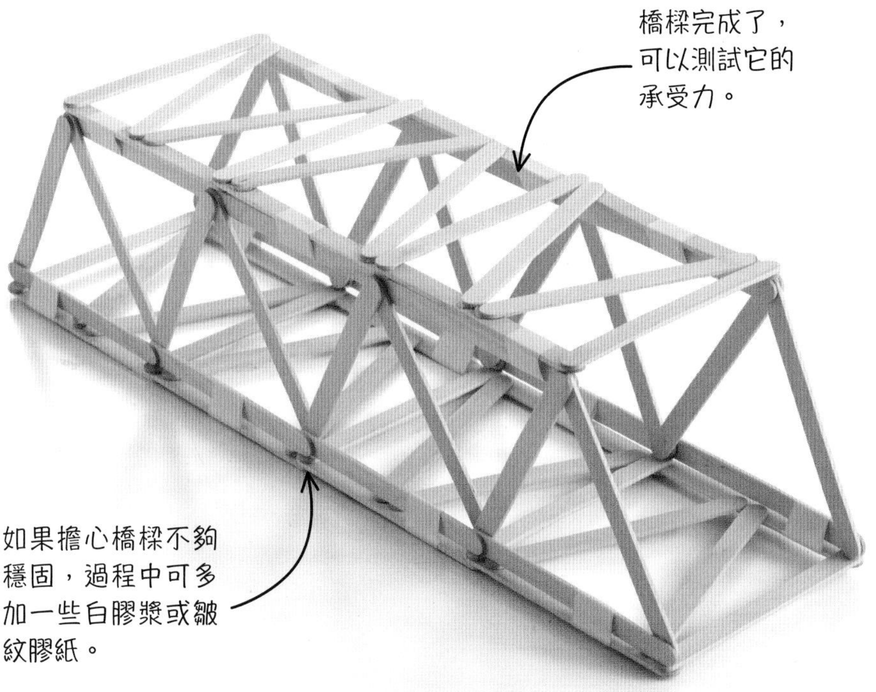

橋樑完成了，可以測試它的承受力。
如果擔心橋樑不夠穩固，過程中可多加一些白膠漿或皺紋膠紙。

**15** 找個安全的地方進行實驗。先把橋的兩端放在磚頭上，然後逐一加上磚頭。如果白膠漿已乾透，你也貼上了充足的皺紋膠紙，橋樑便能承受磚頭的重量。

## 運作原理

將磚頭放在橋上時，磚頭的重量會向下壓並推向橋兩邊的雪條棒。橋樑受壓時，底部的雪條棒之間承受着張力，支撐着受壓的雪條棒。如果橋的兩邊沒有牢牢黏着橋底，雪條棒就會分離。

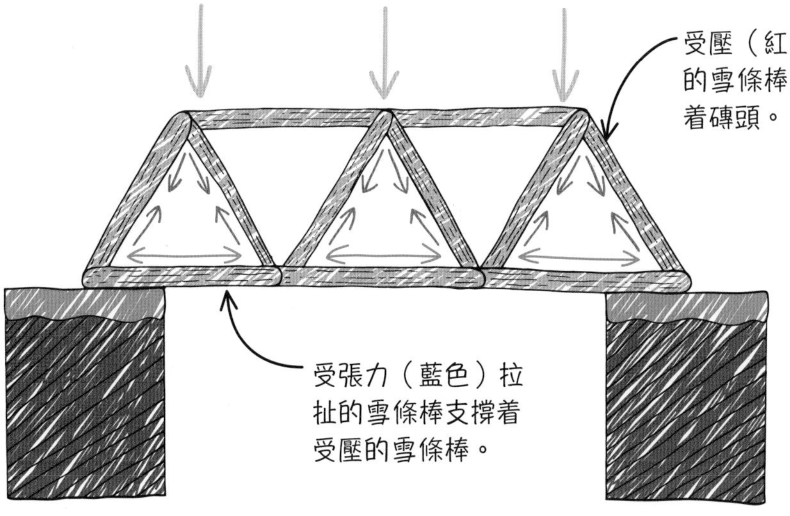

磚頭的重量向下壓着橋樑。
受壓（紅色）的雪條棒支撐着磚頭。
受張力（藍色）拉扯的雪條棒支撐着受壓的雪條棒。

## 現實中的科學

### 城市裏的大橋

澳洲悉尼港灣大橋，以及許多大橋上都有三角形結構。要判斷該物料是否適合用來建築，視乎它的張力和受壓的程度。建築師和工程師會運用這些知識，在興建大樓或大橋之前，計算這個結構所能承載的重量。

# 舞動的蛇

想不想讓蛇左右扭動，上下跳舞，如同化身為一名耍蛇人？其實，只要運用一種看不見的「靜電吸力」，便能達到這個效果，簡單到利用衛生紙和氣球，就能產生靜電。靜電除了能操控紙蛇，還能做出很多稀奇古怪的事，例如令水柱變彎！

驅動紙蛇舞動的靜電，是一種很安全的電力。

紙蛇栩栩如生！
氣球令蛇頭充滿
靜電而抬起來。
把紙蛇放進籃子，你
會更像一名耍蛇人。

## 抬起頭來

當你將紙蛇放在枱上或籃子裏，蛇頭通常都是平躺的。就算是輕薄如紙的材料，都會受到重力影響而被拉下來。要抬起蛇頭，便需要有另一種力對抗重力，這種力就是正負電荷間的吸引力。

# 如何製作舞動的蛇？

這個實驗最難的部分就是要畫出和剪出一條蛇，只要雙手穩定，其他步驟都易如反掌！靜電除了會影響紙蛇之外，你還可試試會跟什麼東西起反應。實驗中產生的微量電荷非常安全，但千萬不要試圖研究電線或電器的電流，那是很危險的！

**需時**
15分鐘

**難易度**
容易

**實驗工具：**

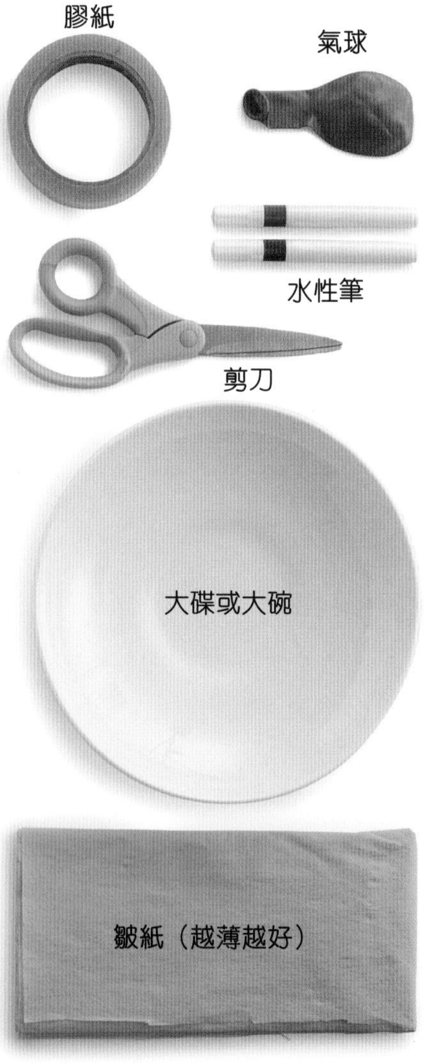


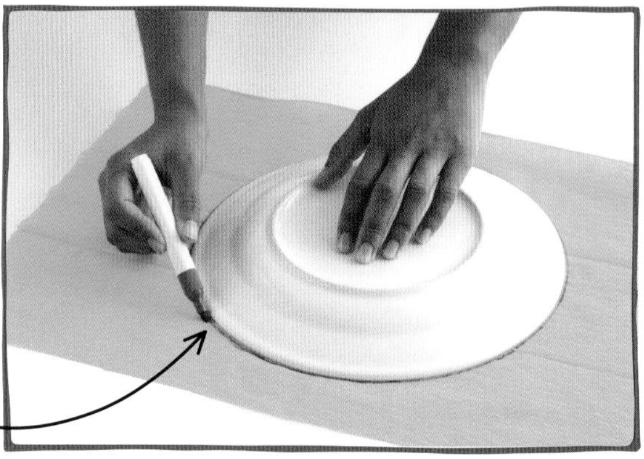

畫圈時別太用力，否則可能畫穿皺紙。

**1** 攤開一張皺紙（紙質越薄，效果越好），平鋪在枱上。將碟子反轉放在皺紙上，用筆沿着碟子畫一圈。

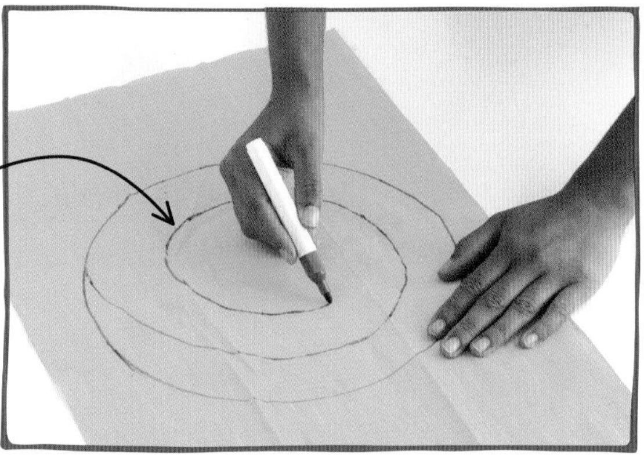

蛇身闊度盡量保持一致。

**2** 在紙上畫上螺旋形狀，像蛇捲曲起來的外形，螺旋的中間是蛇頭（可參考步驟3的完成圖），外圈尖尖的部分就是尾蛇。

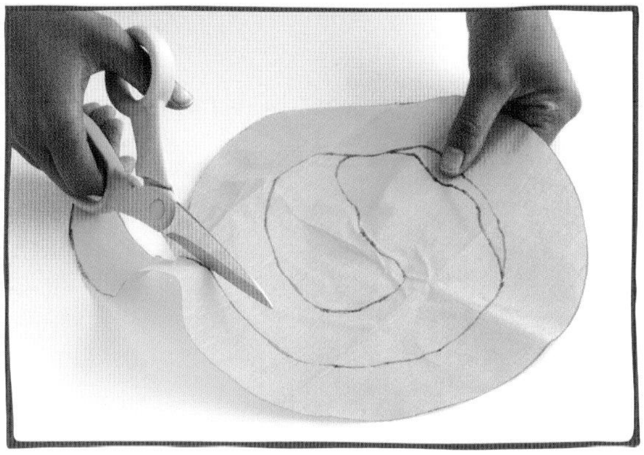

**3** 小心剪出圓形，再沿着螺旋線條繼續剪，漸漸紙蛇便會呈現眼前。皺紙很容易變得皺巴巴，裁剪時別太用力握住皺紙。

小心貼上舌頭，
紙蛇大功告成！

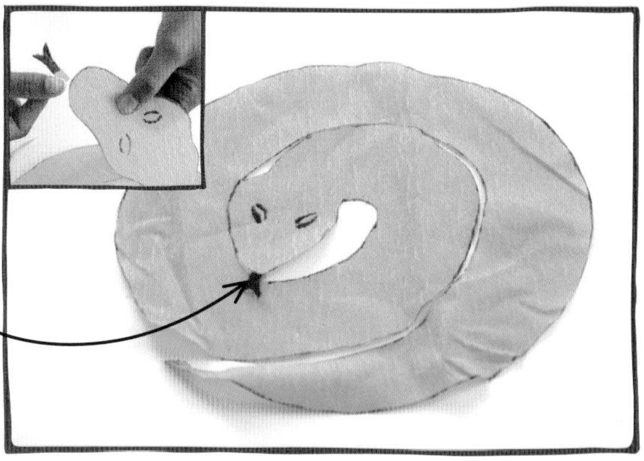

**4** 你可點綴紙蛇，例如畫上眼睛，或用紅筆在剩下來的皺紙上畫一條小舌頭，並貼到蛇頭上。最後，用膠紙把蛇尾貼在枱上。

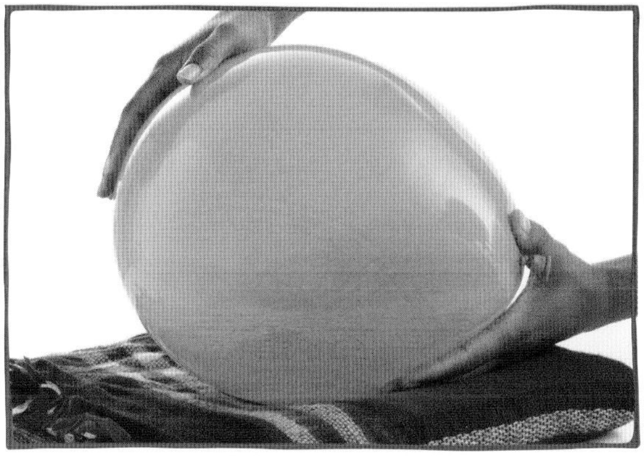

**5** 要產生靜電，先吹脹氣球，打結。找出毛衣或羊毛製品，拿着氣球在上面用力摩擦約1分鐘。如果沒有毛衣，可把氣球與你的頭髮摩擦。

氣球摩擦後
帶有電荷。

將氣球在紙蛇
附近移遠及移
近，紙蛇便會
舞動起來。

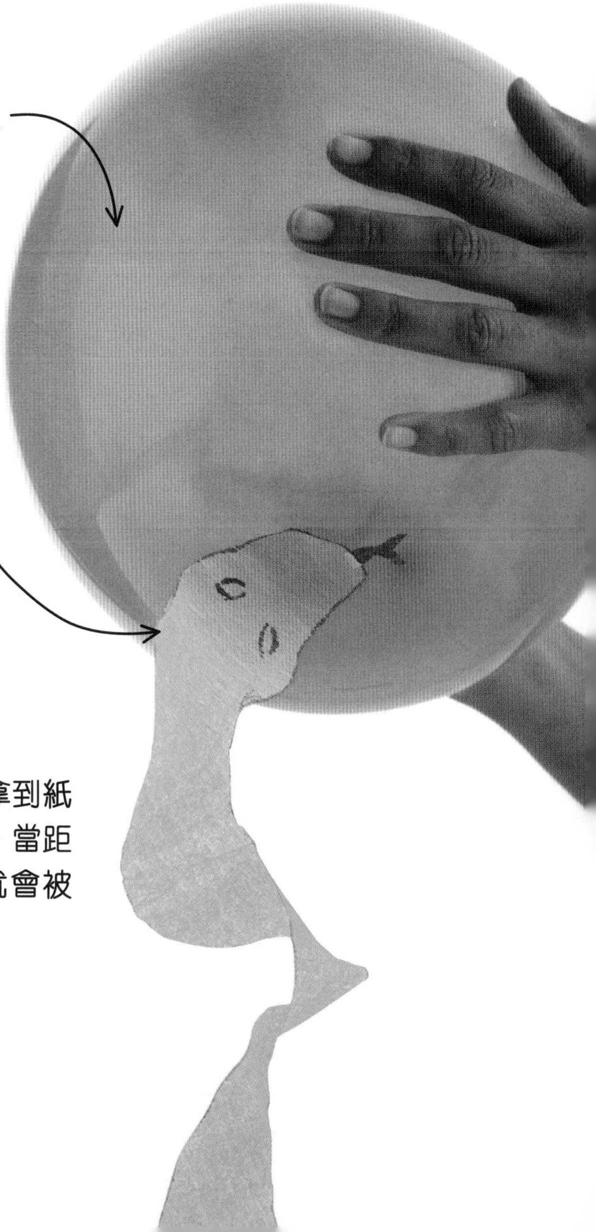

**6** 將帶有電荷的氣球拿到紙蛇上面，慢慢移近。當距離約2厘米，紙蛇就會被吸引而升起來。

**帶不同電荷的物件越靠近，彼此吸引力便越大。**

## 延伸嘗試

你可以透過以下實驗感受靜電的各種力量，利用家中物資便可進行。這些實驗也要以摩擦頭髮或毛衣的方法，令氣球帶有電荷。

### 水柱轉彎

靜電這種看不見的力量，可以做出很多妙如魔法的事情！在以下實驗，你會見證靜電令水柱轉彎。

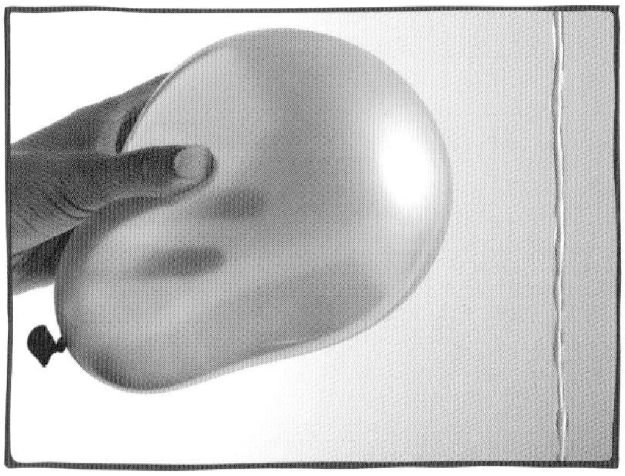

1 打開水龍頭，讓水柱緩慢穩定地流出。將未帶有電荷的氣球拿近水柱，這時一切正常。

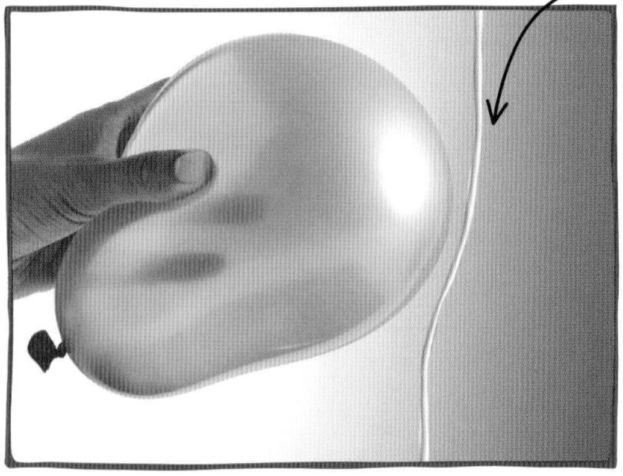

氣球靠得越近，吸引力就越大。

2 摩擦氣球令它帶有電荷，並放近水柱。這次，水柱受到了靜電的吸引而變彎。

### 紙人跳舞

讓紙人手舞足蹈吧！這次，會用帶有電荷的氣球吸引枱上的紙人。測試氣球要放得多近，才會令紙人躍動吧。

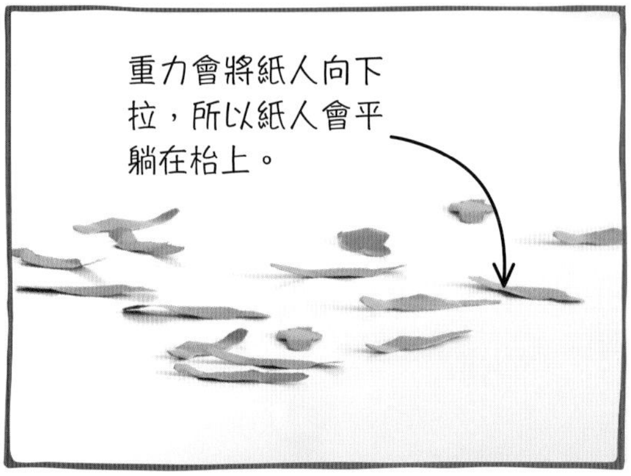

重力會將紙人向下拉，所以紙人會平躺在枱上。

1 剪出一堆紙人，或利用壓花打孔機裁出其他圖案，然後放在枱上。

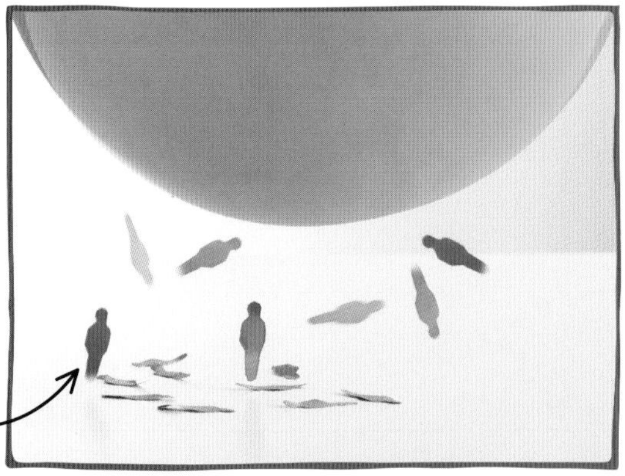

氣球的電荷吸起紙人。

2 將帶有電荷的氣球拿近紙人，紙人會被吸引起來黏着氣球，有些紙人掉下來後再次躍起。

### 互相排斥的氣球

將兩個不帶電荷的氣球懸掛在一起，沒有事情發生。然而，當氣球帶有相同的電荷，事情就變得有趣了。

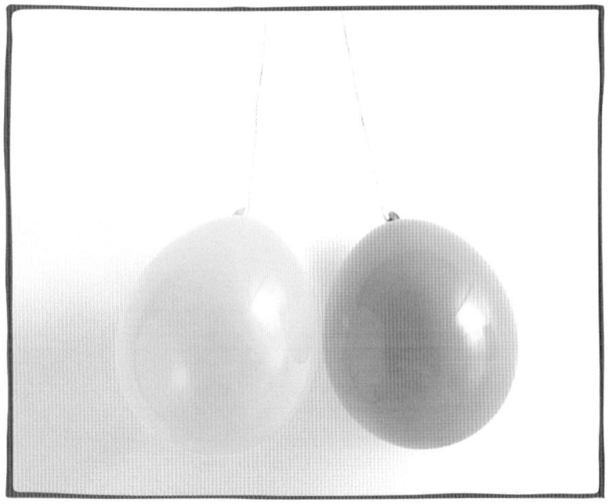

**1** 兩個氣球各用繩子綁着，懸掛在一起，這時的氣球不帶電荷。

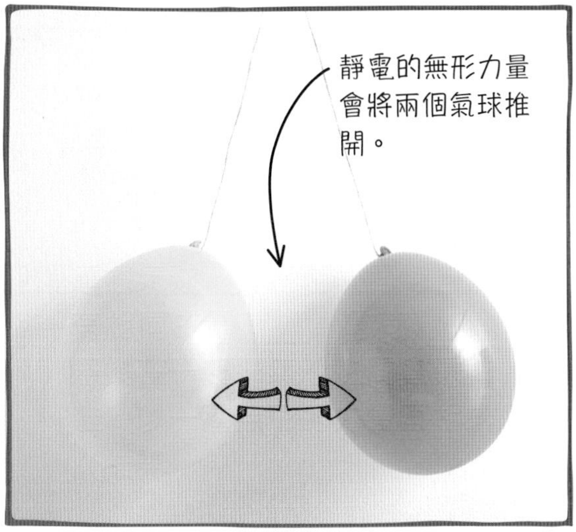

靜電的無形力量會將兩個氣球推開。

**2** 摩擦氣球，使它們表面均勻地帶有相同的電荷（負電荷），然後懸掛在一起。氣球之間會保持距離，以一種無形的力量互相排斥（推開）。

## 運作原理

所有物質由原子組成，原子核內的質子帶正電荷，圍繞原子外圍高速轉動的電子則帶負電荷。同性的電荷產生斥力，相異的電荷產生吸引力。通常每種物質內，所有原子的正電荷與負電荷是相等的。不過，你用毛衣或頭髮跟氣球摩擦，會令氣球獲得毛衣或頭髮上的電子，稱為「帶負電荷」。蛇頭內帶有負電荷的電子，會被氣球的負電荷排斥，把電子推向蛇尾，令蛇頭帶有正電荷。由於帶有相異電荷（一正一負）會互相吸引，所以氣球會與蛇頭互相吸引，紙蛇因而黏上去。

氣球上的負電荷（-）比正電荷（+）多。
蛇頭的負電荷（-）被推開，留下很多正電荷（+）。

## 現實中的科學

### 閃電

在雷雨雲中主要是小水滴和小冰晶，它們會跟從地面上升氣流中的空氣粒子互相碰撞及摩擦，令積雨雲上層累積大量正電荷，下層則累積大量負電荷，令地面作出感應而產生大量正電荷，引發快速放電現象，導致閃電。閃電會以最短的路徑打落地面，所以經常擊中樹木。

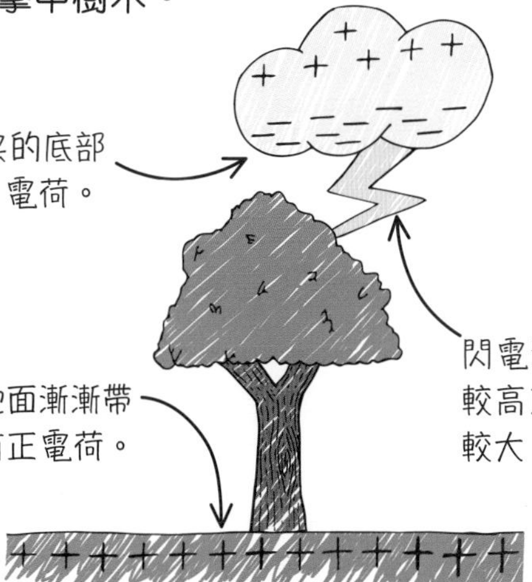

雷雨雲的底部帶有負電荷。
閃電擊中樹木等較高東西的機會較大。
地面漸漸帶有正電荷。

# 人體呼吸模型

開始這個實驗之前，請深深地吸一口氣。你有否想過，身體是怎樣吸入大量空氣令我們得以生存，又如何呼出空氣？原來這都關乎氣壓，以及腹部一塊特別的肌肉「橫膈膜」。你只要一個膠樽、幾個氣球、幾枝吸管，加上你在家裏能找到的各種小東西，就可以輕鬆做出一個人體呼吸模型，認識呼吸背後的原理。

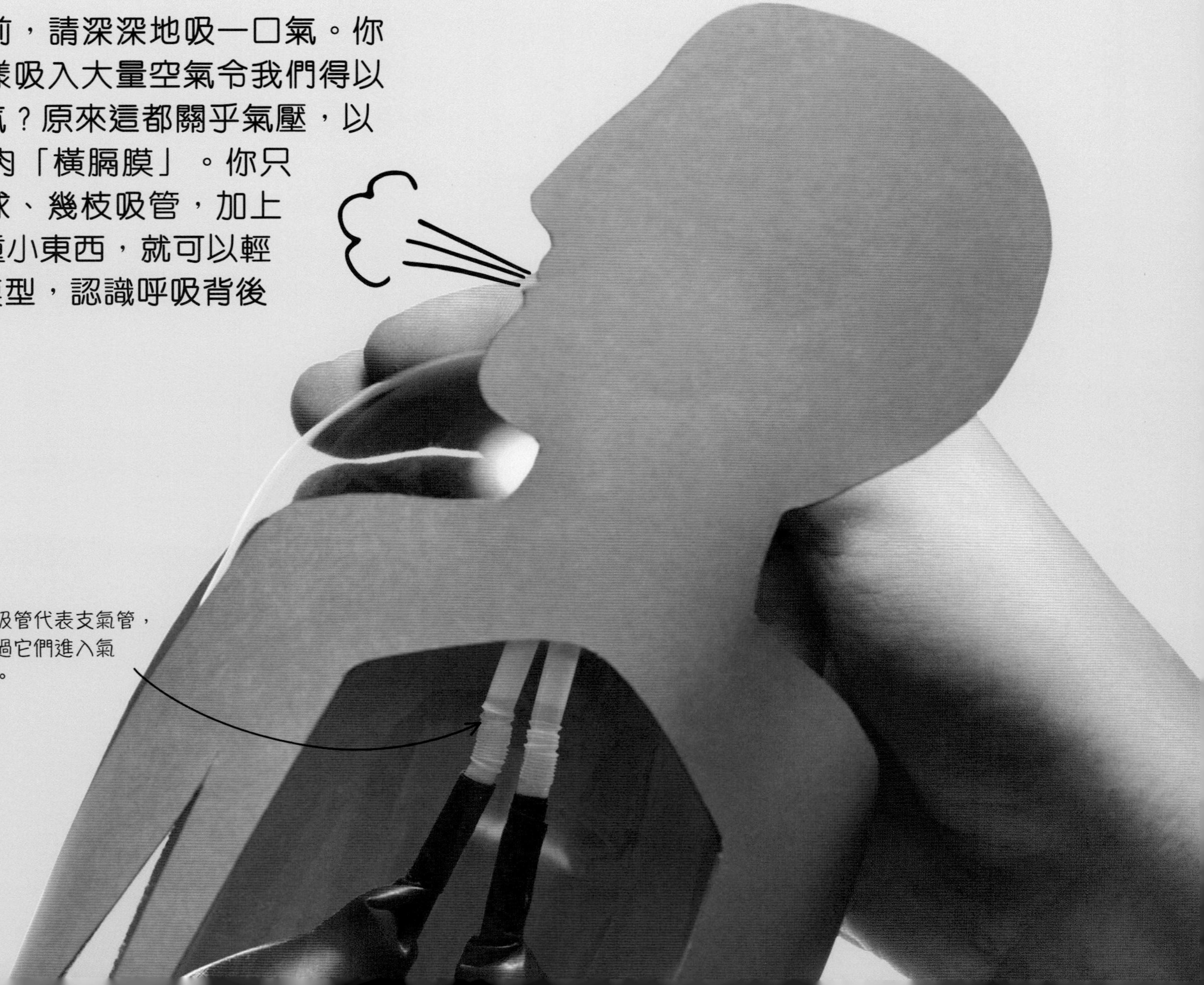

這兩枝吸管代表支氣管，空氣通過它們進入氣球肺部。

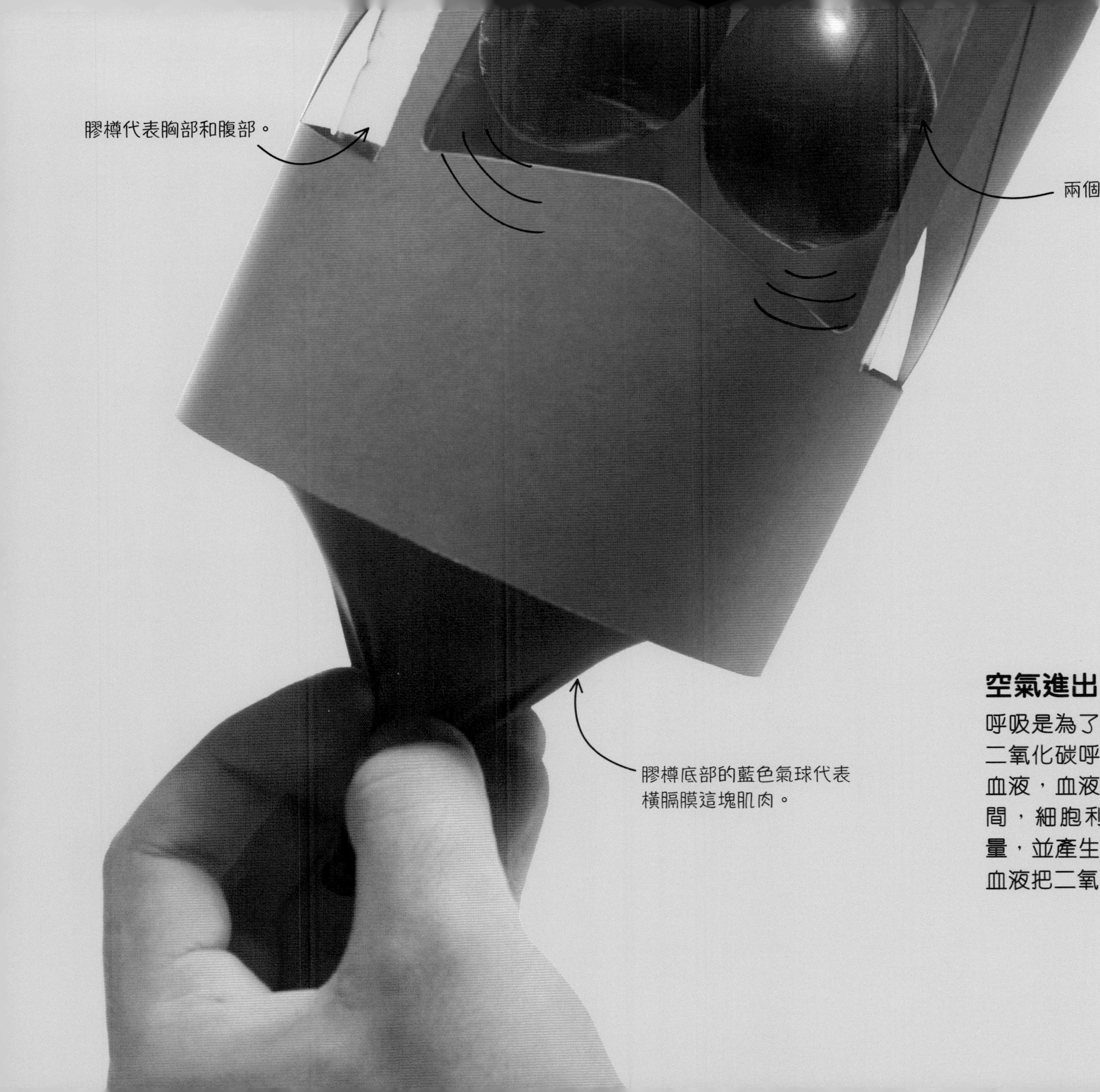

膠樽代表胸部和腹部。
兩個紅色氣球代表肺部。
膠樽底部的藍色氣球代表橫膈膜這塊肌肉。

## 空氣進出

呼吸是為了吸入空氣中的氧氣，並把二氧化碳呼出。在肺部，氧氣會進入血液，血液把氧氣輸送到全身細胞之間，細胞利用氧氣分解食物作為能量，並產生二氧化碳作為廢物，然後血液把二氧化碳運送回肺部呼出。

# 如何製作人體呼吸模型？

製作呼吸模型，你可認識到肺部這個重要器官如何運作。你只需要運用日常用品便可，難度不高，但如果想模型運作暢順，就要小心跟從每個步驟，可以用膠水、膠紙或萬用黏土把接合位完全封好。

**需時**
30分鐘

**難易度**
中等

**實驗工具：**

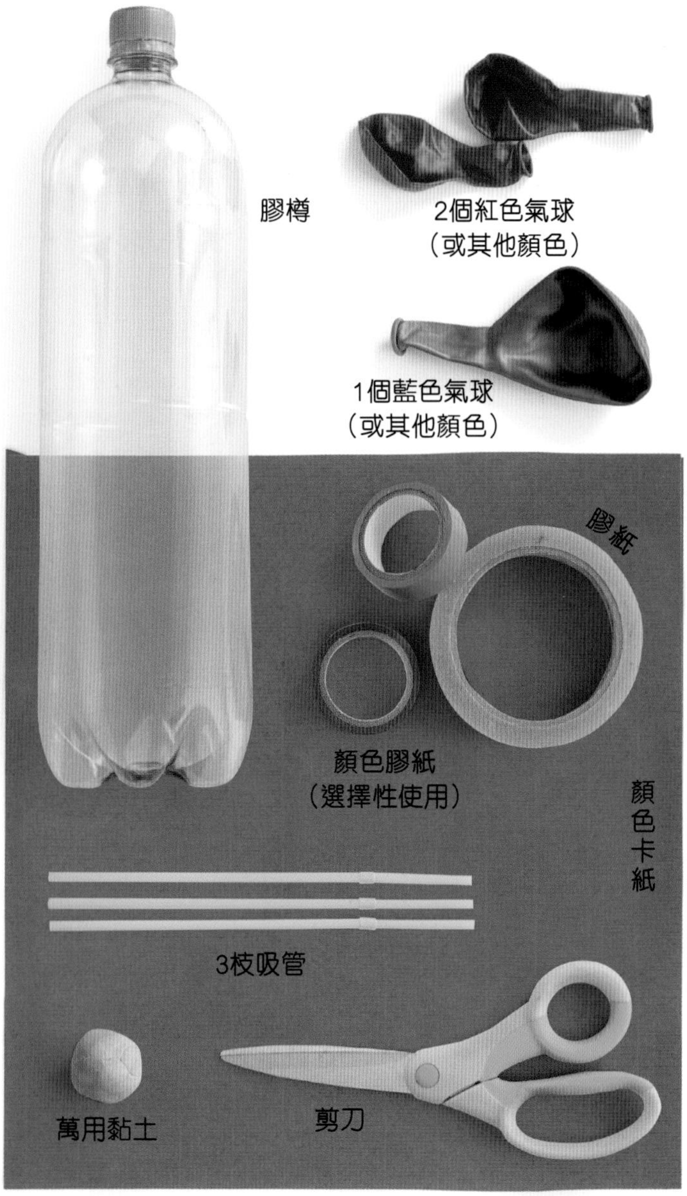

**1** 請大人將膠樽的底部剪走，盡量剪成直線，切口平滑，有助之後製作密封空間。保留樽蓋，稍後會用到。

**2** 將3枝吸管剪至10厘米長，其中一枝代表氣管，即連接喉嚨至肺部的管道。

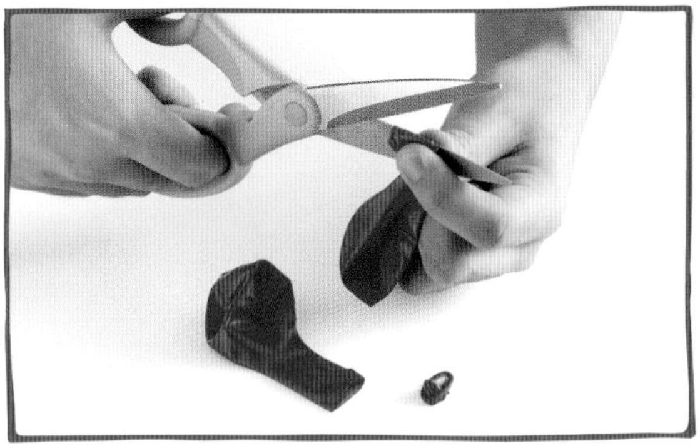

3 將兩個紅色氣球的末端剪走，代表肺部。隨着空氣進出紅色氣球，氣球會在膠樽裏膨脹和收縮，就像我們吸入和呼出空氣那樣。

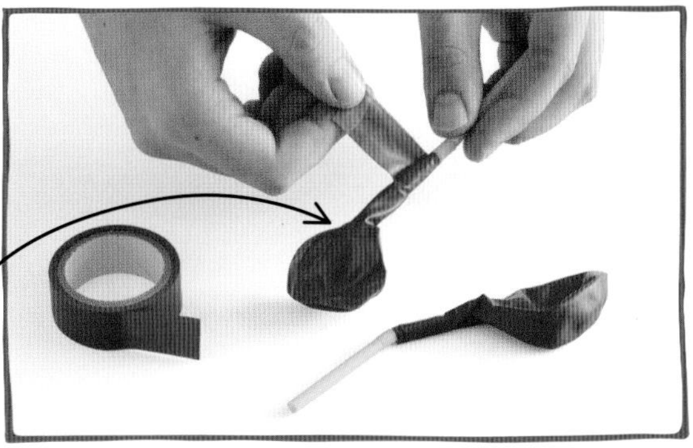
貼膠紙時不要
壓扁吸管。

4 將吸管放入氣球約2厘米，用膠紙捆好接口位，確保不會漏氣。拿起另一個紅色氣球，重複步驟。這兩枝吸管代表支氣管，即氣管的分支。

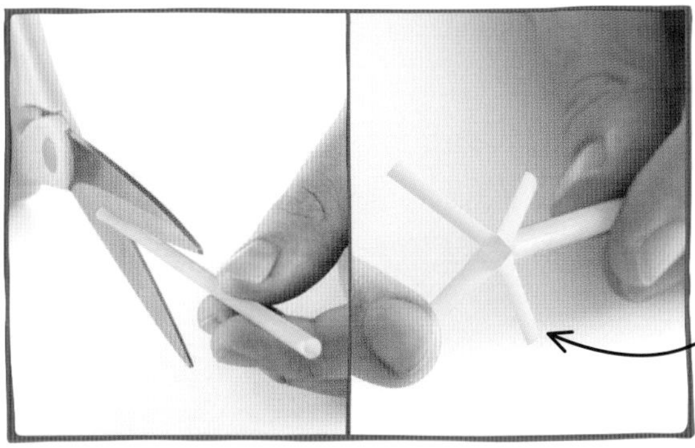
一開為四的這端
連接喉嚨。

5 拿着代表氣管的第3枝吸管，在一邊末端剪出約2厘米的開口，令它一開為二；另一邊的末端則一開為四，長度要相同。

氣球充滿空氣
就會膨脹，跟
肺部一樣。
小心確認接口位
是密封的。

6 將兩枝連接着氣球的吸管（支氣管），分別套進第3枝吸管（氣管）開口各一邊，然後用膠紙封好。

**每人每年**
**平均呼吸約**
**700萬次！**

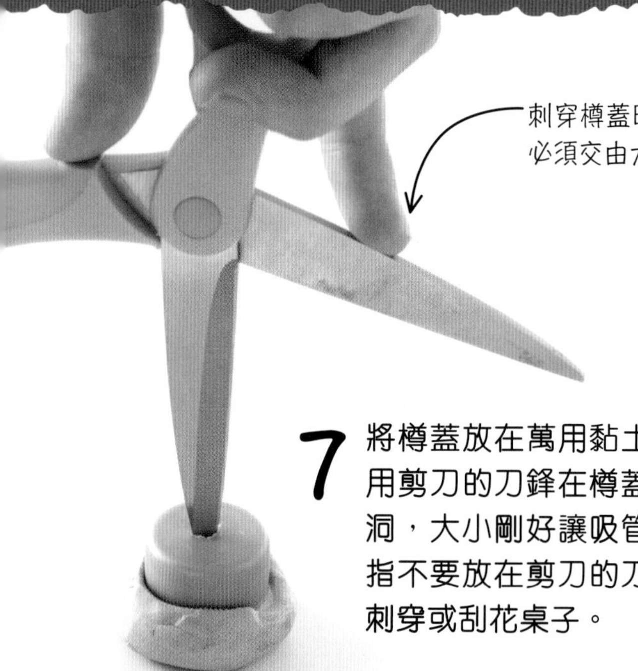

刺穿樽蓋時要拿穩剪刀。
必須交由大人處理！

**7** 將樽蓋放在萬用黏土上，請大人利用剪刀的刀鋒在樽蓋中間戳穿一個洞，大小剛好讓吸管穿過。注意手指不要放在剪刀的刀鋒下，也不要刺穿或刮花桌子。

**8** 將吸管一開為四那端合起來，穿過樽蓋的洞，然後在樽蓋上攤開。

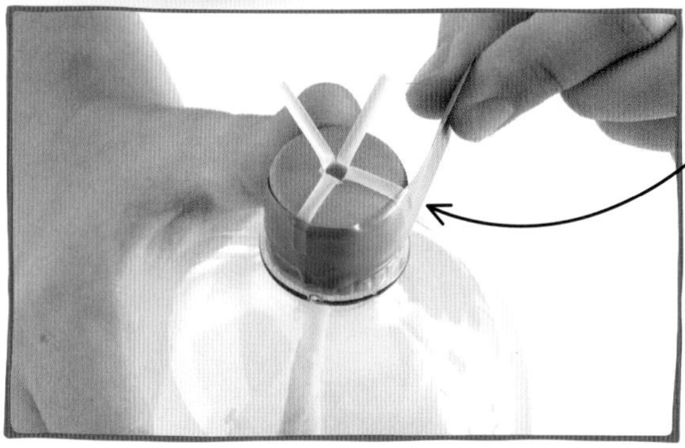


**9** 檢查一下吸管是否貼合樽蓋的小孔。用膠紙貼好樽口，確保空氣不會從縫隙中漏出。

**10** 剪出藍色氣球的末端，代表橫膈膜。剪前宜吹脹氣球，這樣在步驟11伸展氣球會比較容易。

**11** 在氣球的末端打結。然後伸展氣球，包覆樽底，用膠紙貼好，確保接口是密封的。

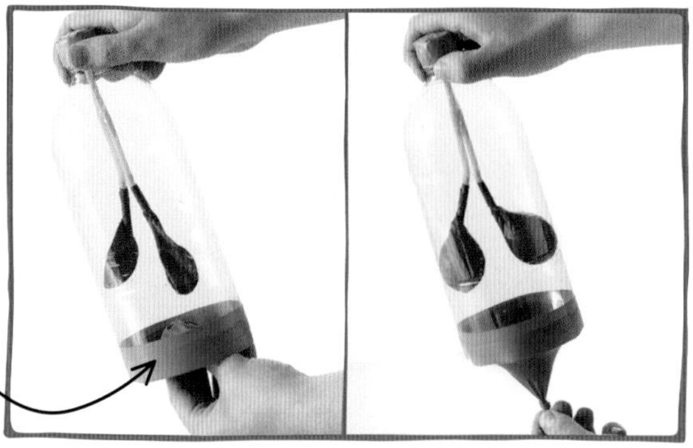


**12** 完成了！若要模擬吸入空氣，可以拉動底部的氣球；若要呼出空氣，將底部氣球推進去。看看肺部怎樣擴張和收縮。

**13** 在卡紙上繪畫樽套並剪出來，留意中間要有個大洞。在樽套的底部，一邊加上凸出的小片，另一邊剪開一條窄縫。

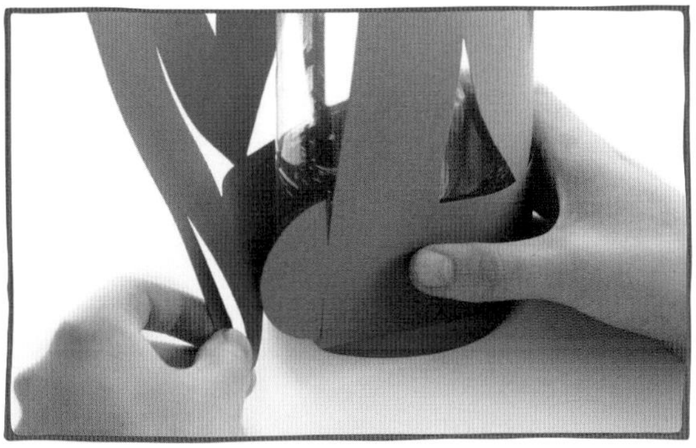

**14** 用樽套包着模型，將凸出的小片塞進窄縫，貼上膠紙，確保樽套穩妥。注意完成後，能否透過大洞看到樽內的氣球。

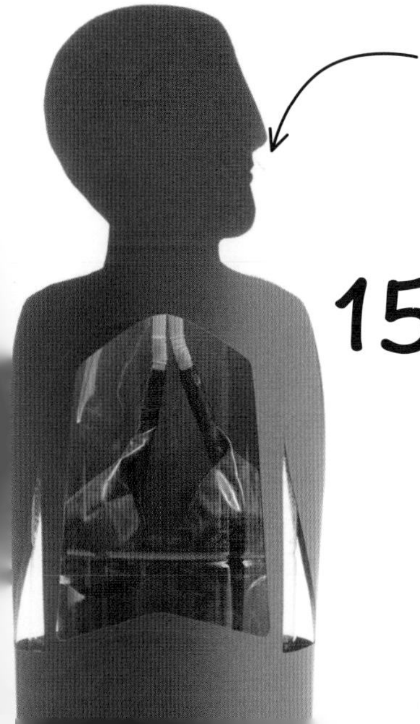

樽套有頭部和身體，讓人知道這是肺部模型。

**15** 這個人形剪紙，讓你更容易向同學解釋肺部的操作，而展示時也更逼真。

# 運作原理

呼吸的原理在於肺內氣壓與外部環境氣壓的差異。當你拉下氣球，樽內的體積會增加，減低氣壓，樽外的空氣就會沿着吸管進去，令紅色氣球膨脹。當你推高氣球，就會減少樽內體積，增加氣壓，空氣便從紅色氣球排出。

空氣從代表氣管的吸管進入。
兩枝吸管代表支氣管，是氣管分支到肺部的呼吸道。
兩個氣球代表肺部，空氣從吸管進到氣球裏。
將代表橫膈膜的氣球向下拉，就會減低樽內的氣壓。

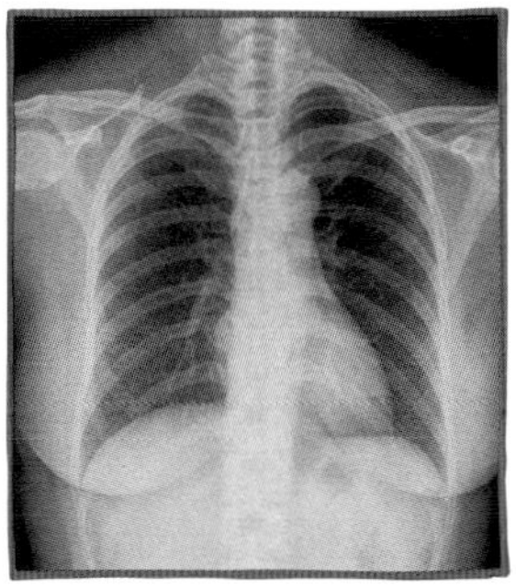

## 現實中的科學

### 胸腔

這張X光片顯示了肺部（黑色部分）位於中間脊椎的兩邊，受到肋骨的保護。底部大型的灰色結構就是橫膈膜。

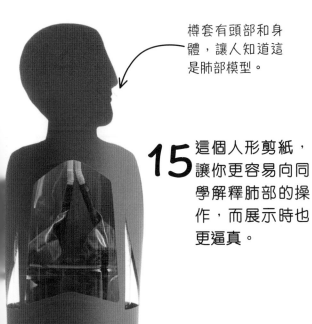

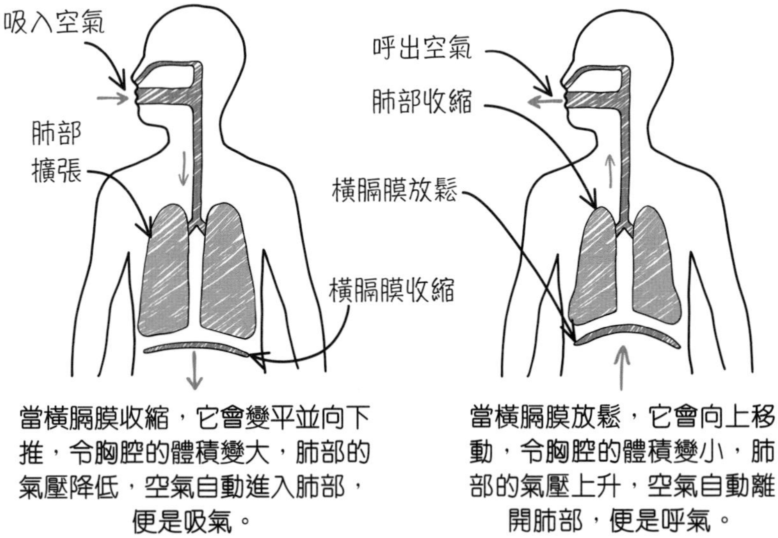

吸入空氣
肺部擴張
橫膈膜收縮
當橫膈膜收縮，它會變平並向下推，令胸腔的體積變大，肺部的氣壓降低，空氣自動進入肺部，便是吸氣。
呼出空氣
肺部收縮
橫膈膜放鬆
當橫膈膜放鬆，它會向上移動，令胸腔的體積變小，肺部的氣壓上升，空氣自動離開肺部，便是呼氣。

# 水的世界

打開廚房或洗手間裏的水龍頭，宇宙間最重要的物質之一便會流出來，那就是水。在這一章，你會透過實驗探索到水的神奇特質，它可以是液體、固體或氣體，這些實驗會幫助你明白水的力量，以及水和其他物質的互動。水裏面充滿了科學知識，一起潛進去吧！

# 密度之塔

來做一個亮麗的顏色塔吧！把不同的顏色液體倒進瓶裏，它們竟會一層層的排列起來。這看起來像魔術表演，其實是因為如水和油等液體有不同的密度，所以沒法混合。實驗中，密度最高的液體會沉在塔底，而密度最低的液體會浮在塔頂。這些液體都可以在廚房裏找到。一起來建塔吧！

油會浮在最頂層，因為它是整座塔中密度最低的。

乒乓球的密度也低，因為裏面充滿空氣。試將乒乓球放進塔裏，看看發生什麼。

## 浮起或沉下去？

物質的密度與質量（物質所含的量）和體積（佔用了多少空間）有關。當你做好密度之塔後，可以用另一個實驗來測試液體的密度。選用下圖中幾個細小的物件，將它們放進塔裏，看看會浮起還是沉下去。液體可以讓任何比它密度低的東西浮在上面。

車厘茄穿過油、水和洗潔精層，浮在牛奶上。

# 如何製作密度之塔？

這座密度之塔大部分液體都是水性，即主要成分是水，但有其他物質溶解在內。要成功建設這座塔，雙手一定要夠穩定。以下教你用膠頭滴管，做出分層效果，你也可用勺子讓液體慢慢流進去。每次加完一種液體，要清洗滴管或勺子才加入下一層。記着不要攪拌這座塔，否則全部液體會混和在一起啊！

**需時**
15分鐘

**難易度**
中等

**實驗工具：**

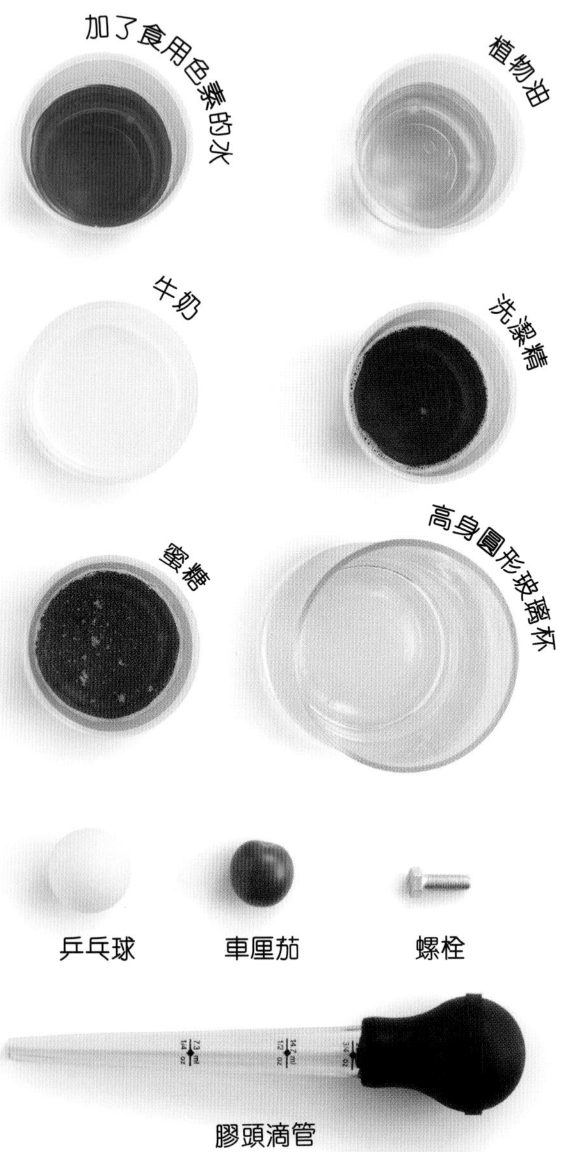


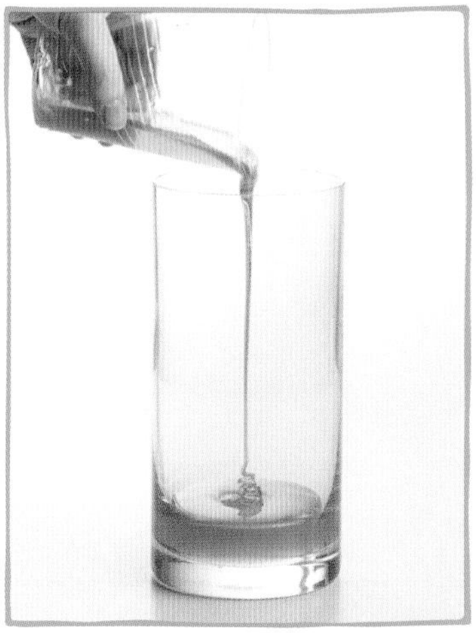

**1** 密度之塔最底層是蜜糖，它的密度最高。蜜糖倒至2厘米高。蜜糖是由很多物質溶於水中，當中主要是糖。

**2** 用滴管吸起牛奶，沿着杯身緩緩地將牛奶擠入去，牛奶會留在蜜糖之上。牛奶的成分是水、蛋白質、糖和細小的脂肪球。

**緩慢小心地倒進液體，密度之塔才迷人好看。**

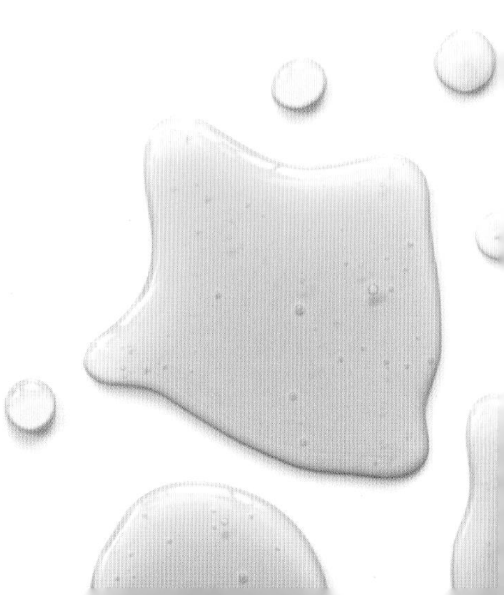

**3** 用滴管吸起洗潔精，沿杯身緩緩擠入。洗潔精的成分是水，以及溶解在水中的較大洗滌劑分子。

**4** 第4層是水。你可以水中加入幾滴食用色素，令水變色。水分子很細小，而且排列緊密。記得慢慢倒入！

**5** 最頂層是植物油。大家可想想，植物油的密度最低，如果你最先倒入植物油，它最後都會浮上最頂，但過程中會把各層液體沖散啊！

**6** 將小物件如螺栓、車厘茄和乒乓球，慢慢放進塔裏。密度最高的螺栓會沉到最底。車厘茄會浮在牛奶上面。你猜乒乓球會怎樣？

## 運作原理

雖然水分子排列緊密，但物質可以溶解於水中，而當物質的分子與水分子混合，會增加水溶液的密度。油分子比水分子較大，而且排列沒那麼緊密，所以密度比水低。

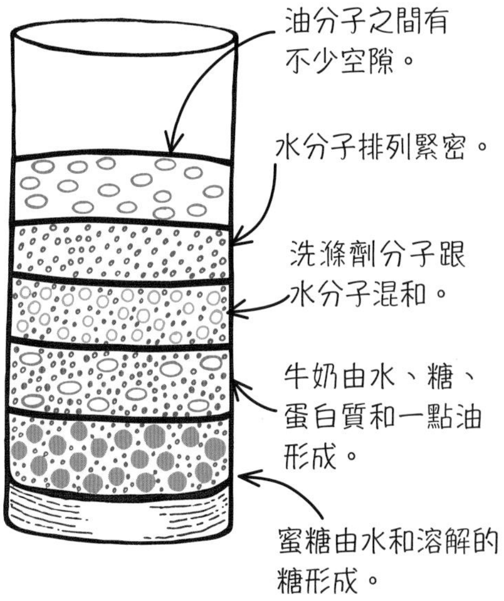
油分子之間有
不少空隙。
水分子排列緊密。
洗滌劑分子跟
水分子混和。
牛奶由水、糖、
蛋白質和一點油
形成。
蜜糖由水和溶解的
糖形成。

## 現實中的科學

### 海上漏油

我們偶爾會聽見油輪發生漏油事件。漏油對海洋生態影響甚大，現場也不易清理。幸好，油會浮在水面上，令清理人員較容易辨認或撈起，或在上面噴灑洗滌劑來溶解油分。

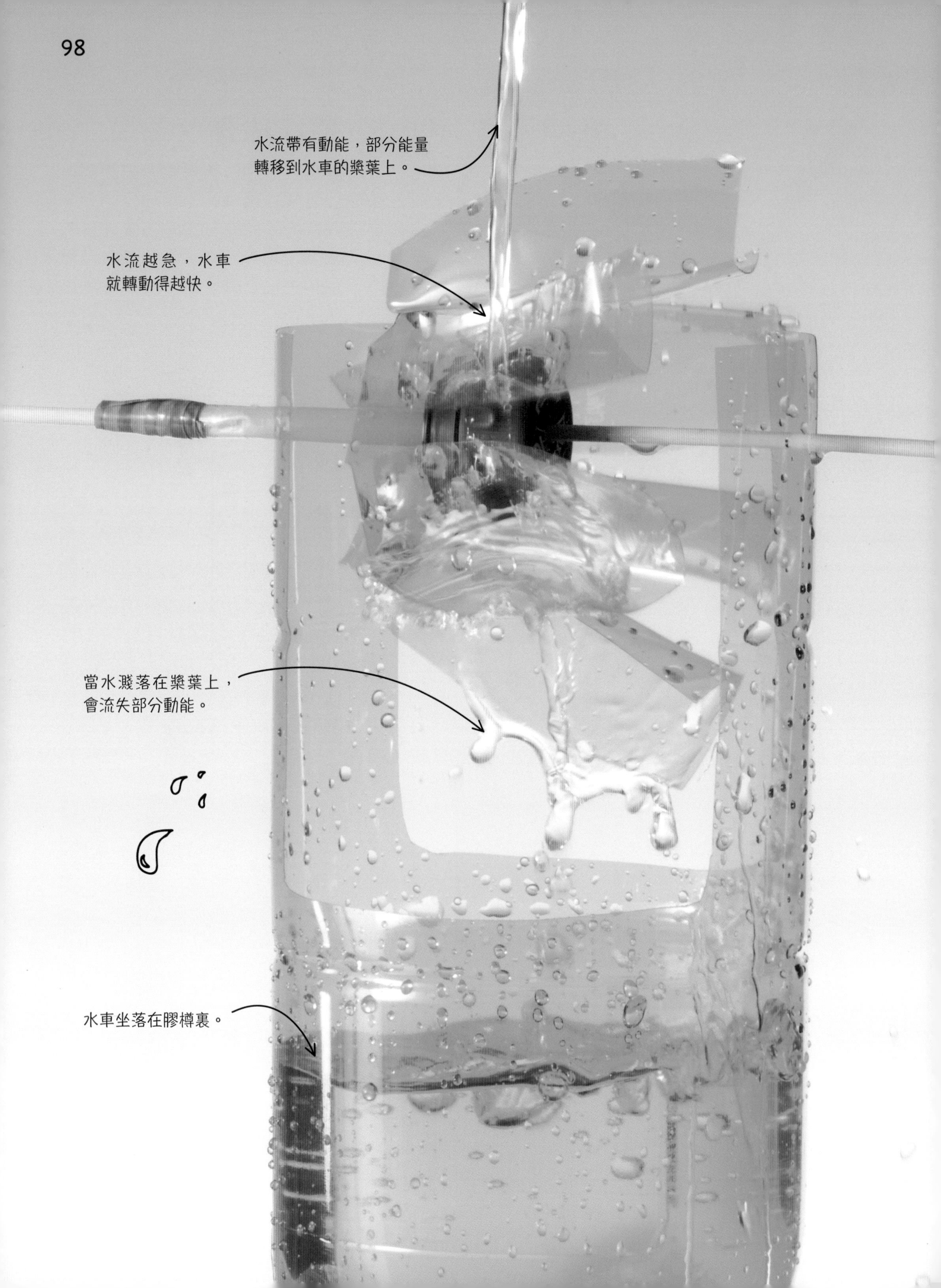
水流帶有動能，部分能量
轉移到水車的槳葉上。
水流越急，水車
就轉動得越快。
當水濺落在槳葉上，
會流失部分動能。
水車坐落在膠樽裏。

# 水車起重機

只要打開水龍頭，或從水壺倒水，就能提起物件？利用水車就可以了！千百年來，人們都透過水車的技術，將向下流動的水改變方向，轉化為向上，用來磨穀、發電或提起重物。運用膠樽、吸管和竹簽，你就可以製作水車了，準備好水花四濺了嗎？

### 感受水的動能

水車是一個「能量轉換器」。水流以及任何能動的東西，擁有稱為「動能」的能量。水車會接收部分動能而開始轉動。在水車的軸上繫上繩子，就能提起物件。當物件被提起後會獲得勢能（或稱位能），代表物體從高處下墜前潛藏的能量。

繩子捲住竹簽，重物就會被慢慢提起。

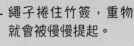

水車能提起這塊萬用黏土。

# 如何製造水車起重機？

要製造水車，先請大人把膠樽剪開。另外，水車軸的材料是竹簽，製作前可先把尖端剪掉。操作水車需要用水，你可把水車放在洗碗槽裏進行實驗。

**實驗工具：**

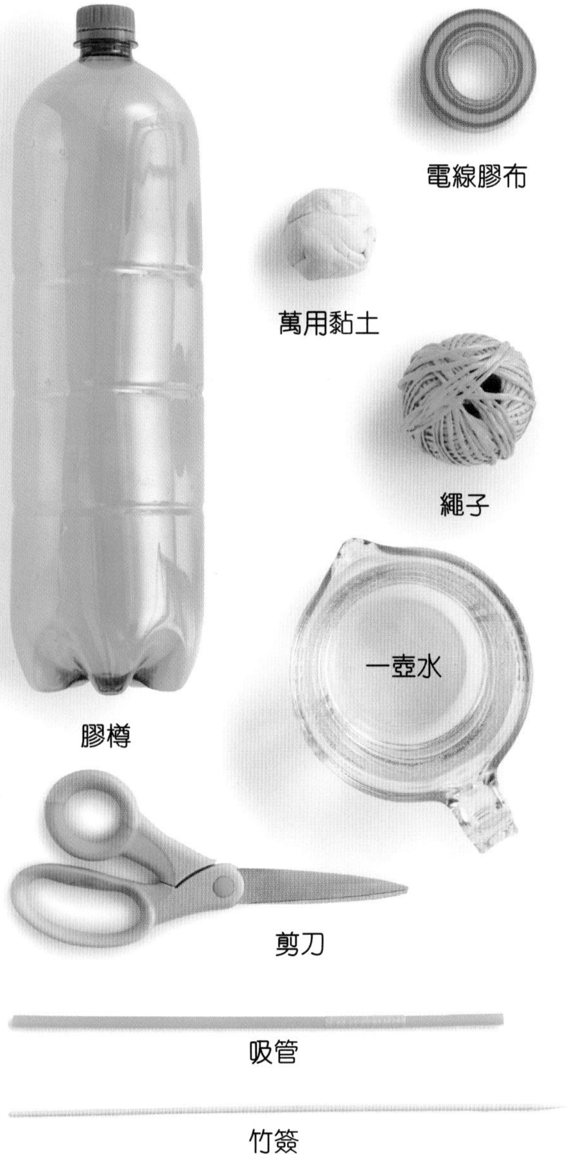


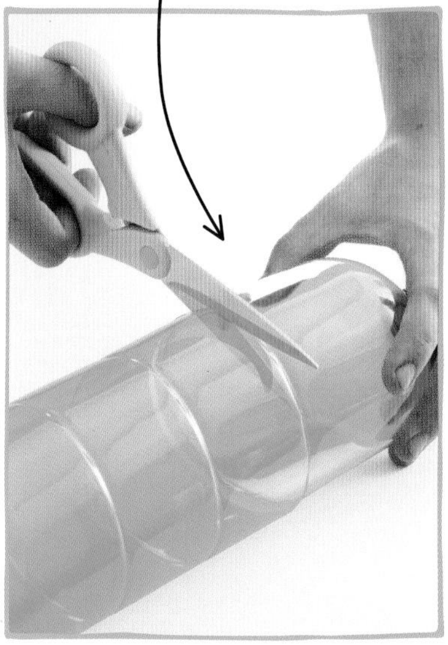


**1** 在膠樽底部約三分之二的位置，將膠樽剪開，樽頂部分及樽蓋會用來製作水車。

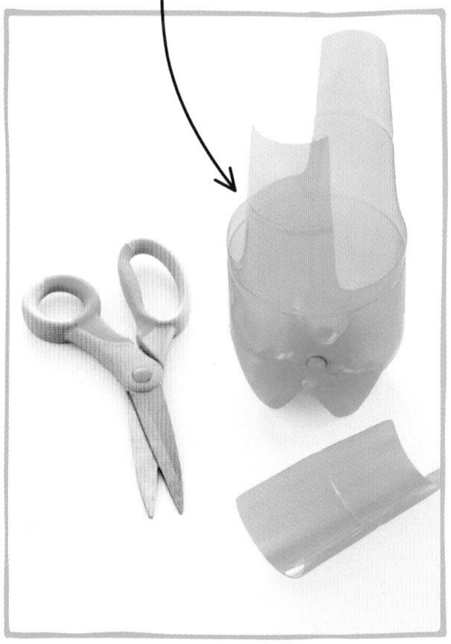


**2** 把樽身兩側剪走，這樣便形成底座，用作支撐水車。

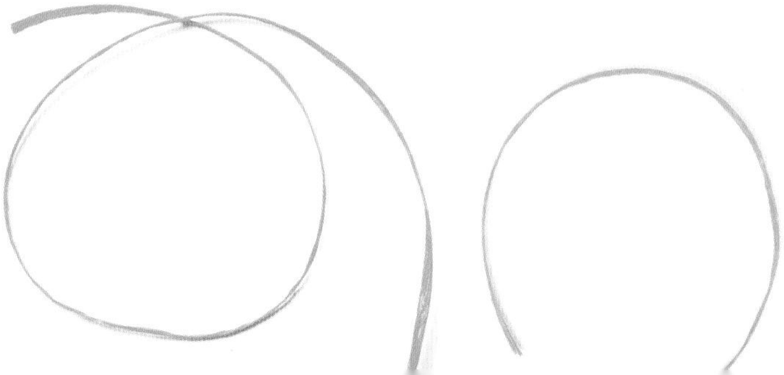

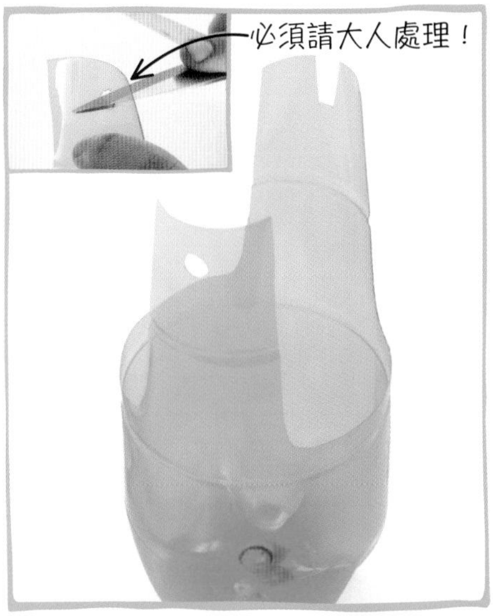
必須請大人處理！

**3** 用剪刀尖端在底座的一邊刺穿一個小洞，並在對面同等高度，剪一個凹口。

**4** 將樽頂向樽頭位剪成6等分，長度要保持一致。這6塊膠片是水車的槳葉。

**5** 將6塊槳葉向外摺，壓出摺痕，保持槳葉大小一致。

開口不要長過一半，
否則槳葉容易脫掉。

**6** 在槳葉底部連接樽頸的位置，將接口剪半。對摺槳葉，壓出摺痕。

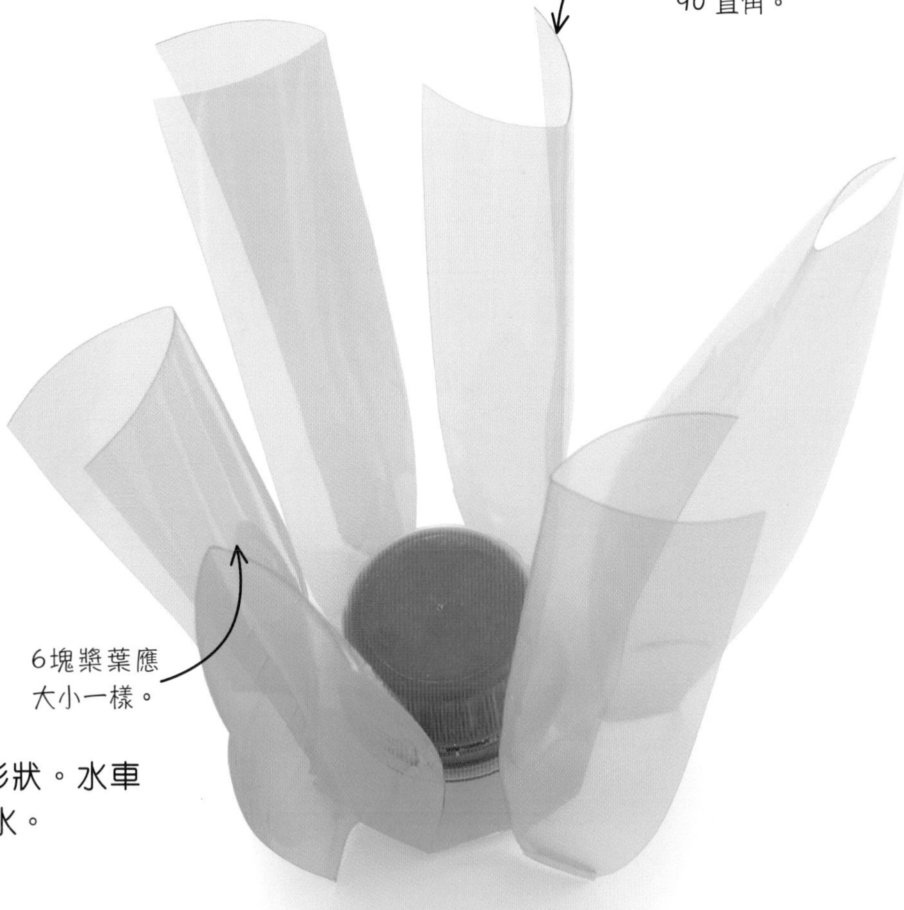
如果摺痕壓得好，
每塊槳葉會形成
90°直角。
6塊槳葉應
大小一樣。

**7** 將水車的槳葉屈曲成花瓣的形狀。水車開動後，這些槳葉就可盛載流水。

8 確保水車的槳葉放得進底座，並能轉動。如果不能，可拿着槳葉放到底座旁，把槳葉剪成適合放進去的長度。

9 必須請大人用剪刀尖端，用少許力在樽蓋中央刺透一個孔洞，然後把樽蓋扭回水車上。刺洞時可以在樽蓋下放萬用黏土。

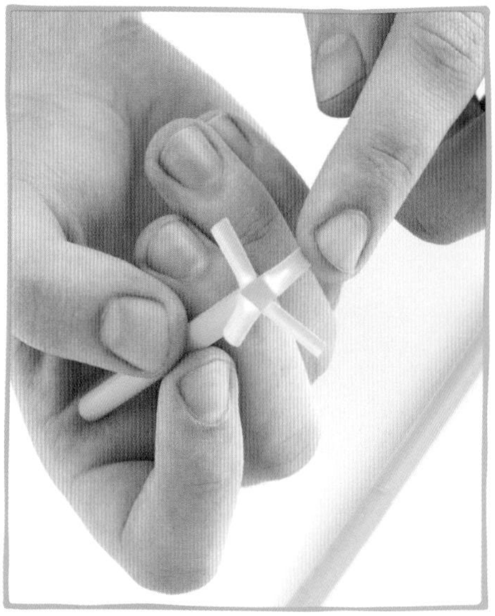

10 將吸管剪成5厘米長，把一端剪出4個開口。將開口向外摺，與吸管形成直角。

將竹籤穿過樽蓋後，便可以剪走竹籤尖端。

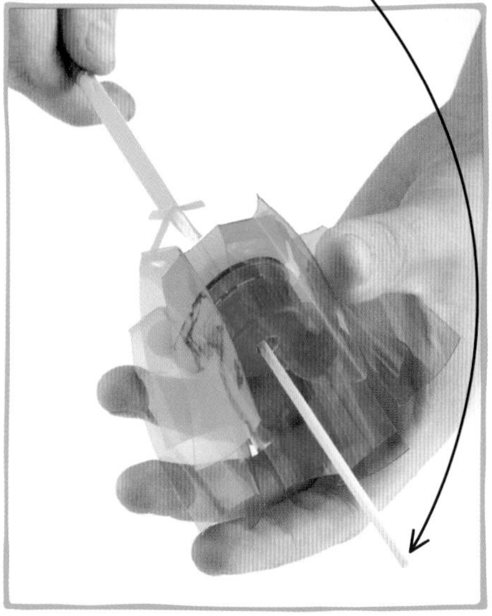

11 將竹籤穿過吸管。在尾部3厘米處，用電線膠布把吸管貼在竹籤上。然後將竹籤另一端穿過樽蓋的洞口。

電線膠布能將吸管牢牢固定在竹籤上。

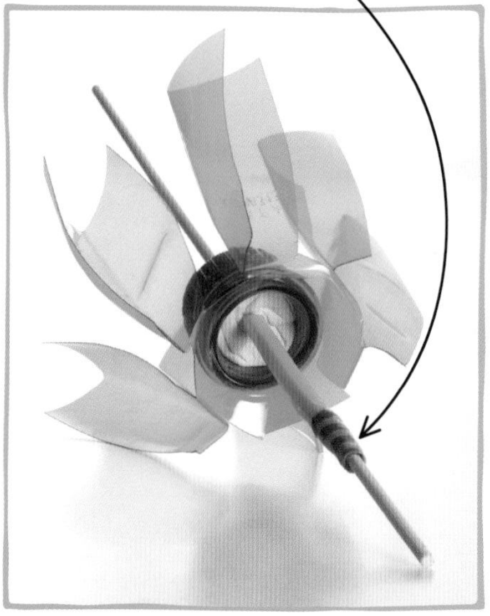

12 將萬用黏土貼在樽蓋裏，固定吸管剪開的開口。這時轉動竹籤，確保水車也會轉動。

檢查水車能否順暢地轉動。

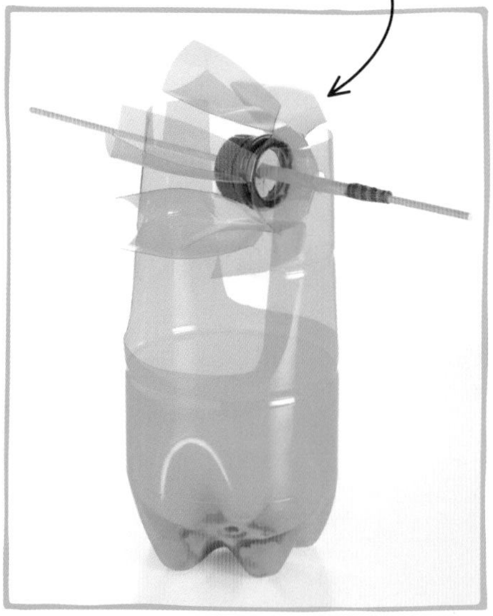

13 將竹籤穿過底座的孔洞，另一端安放在凹口上。確保槳葉不會碰到底座任何部分。

14 用電線膠布把繩子貼在竹簽沒有吸管的一端，繩子末端貼上萬用黏土，代表重物。

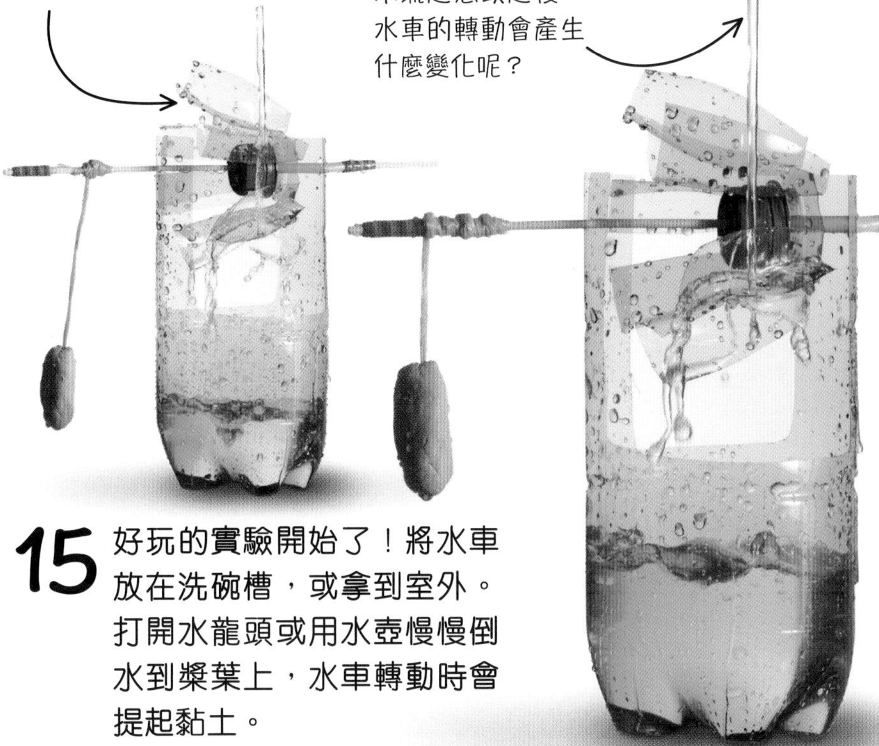
可以調整槳葉的
角度或長度。
水流越急或越慢，
水車的轉動會產生
什麼變化呢？

15 好玩的實驗開始了！將水車放在洗碗槽，或拿到室外。打開水龍頭或用水壺慢慢倒水到槳葉上，水車轉動時會提起黏土。

## 運作原理

將水倒進水車，水流帶來的能量驅動槳葉轉動，令水車的軸（即竹簽）轉動，並施力到繩子上，拉起重物（萬用黏土）。

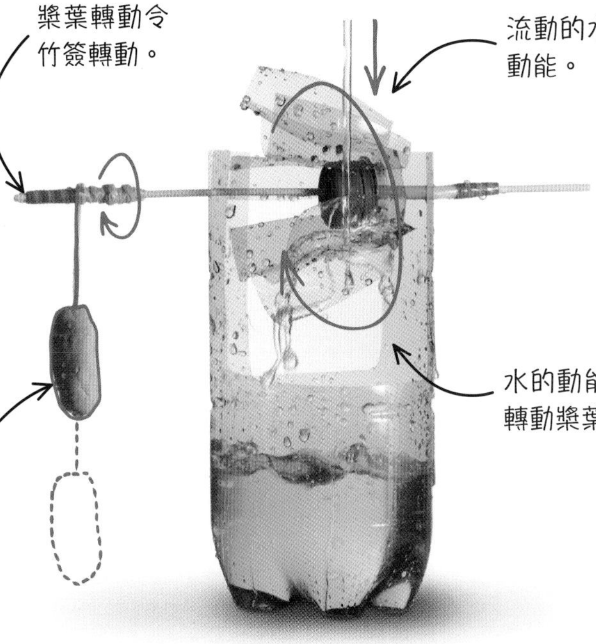
槳葉轉動令
竹簽轉動。
流動的水擁有
動能。
水的動能會
轉動槳葉。
萬用黏土上升時，
會增加勢能。

## 現實中的科學

### 水力發電

流動的水可以用來發電。在水力發電站，河水被堤壩截住，形成巨大的水壓，轉動發電機。受壓的水流進管道，轉動渦輪機（經過特別設計的水車）而發電，為許多家庭和不同行業提供電源。上圖顯示了幾個橫向旋轉的渦輪機轉軸的頂部，而發電機位於藍色圓頂內。

# 肥皂動力小船

預備在肥皂的大海中起航吧！先製作一隻小船，讓它浮在水上，然後用少許肥皂或洗潔精，就能讓小船劃破水面。其實，小船不是真的由肥皂驅動，但肥皂會釋放水裏無形的能量。起錨，航行吧！

這個凹位就是放肥皂或洗潔精，充當「燃料」的地方。

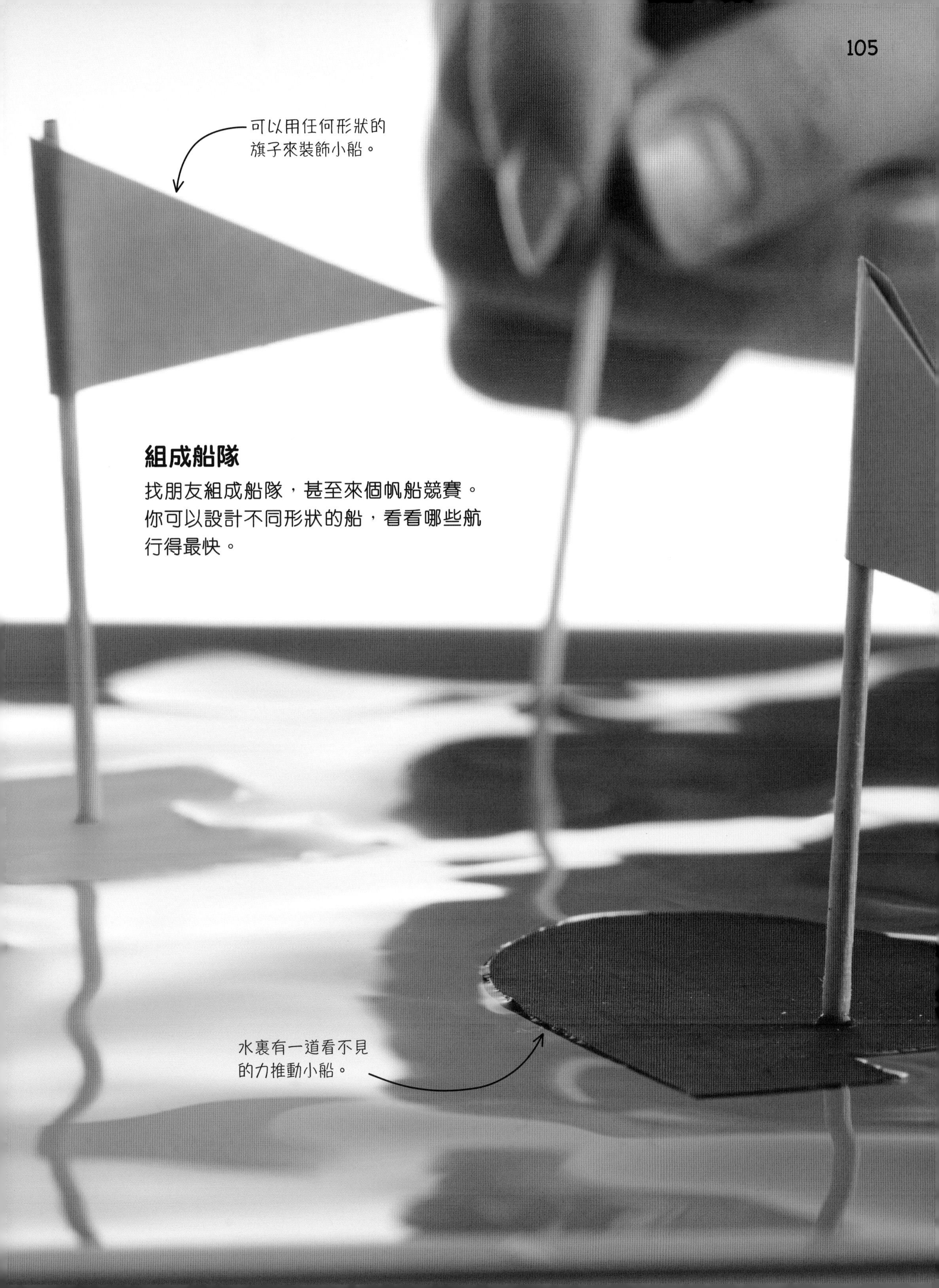
可以用任何形狀的
旗子來裝飾小船。
水裏有一道看不見
的力推動小船。

## 組成船隊

找朋友組成船隊，甚至來個帆船競賽。你可以設計不同形狀的船，看看哪些航行得最快。

# 如何製作
# 肥皂動力小船？

　　這隻船要很輕，才能靠着水裏的微量動力驅動，所以造船的物料要輕如無物，也很容易剪成合適的形狀。以下示範的小船設計很簡單，可以很快完成並起航。你還可以給船上色啊！

**需時**
10分鐘

**難易度**
簡單

**實驗工具：**

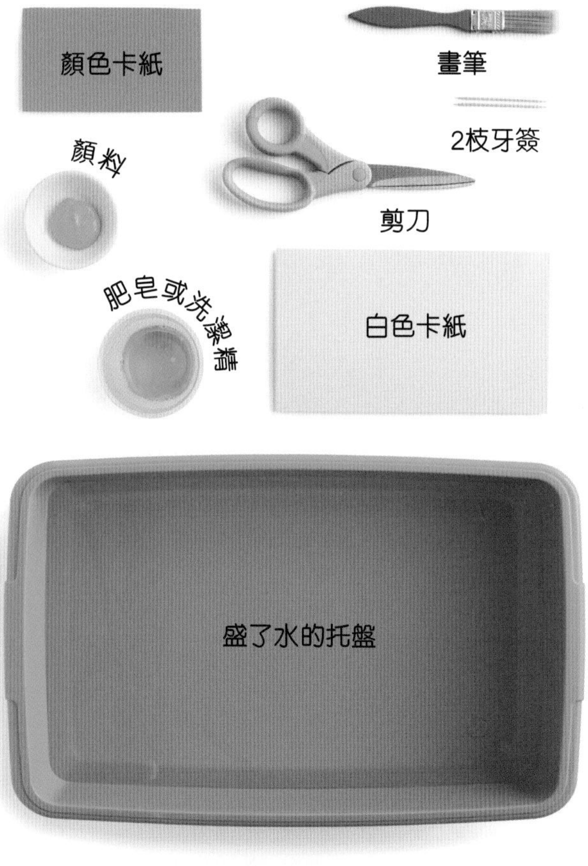

**1** 首先製作船身。在白色卡紙上剪出一個每邊4厘米長的正方形，在其中一邊剪成尖角作為船頭。

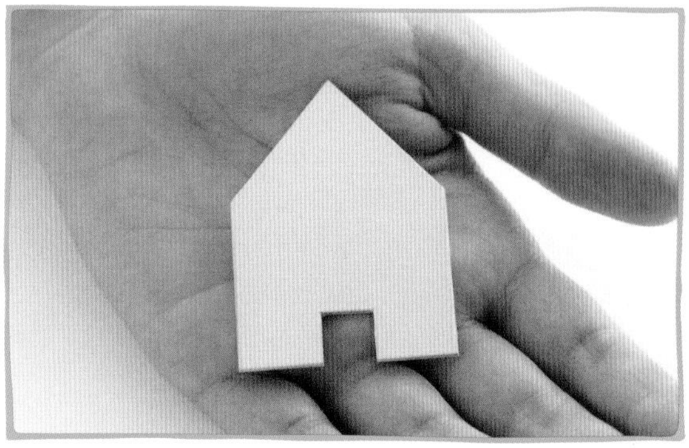

**2** 在船尾剪一個邊長5毫米的正方形凹口，洗潔精會放在這兒。你之後可以嘗試改動凹口的大小和形狀。

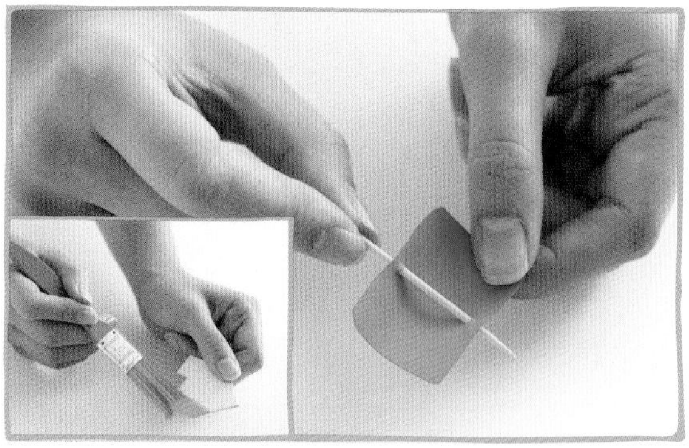

**3** 用顏色卡紙剪出一個約長3厘米的長方形，用牙簽穿過它上下兩端，作為帆。雖然這隻船不是靠帆起航，但這會較為美觀。然後給船身兩面上色。

4 顏料乾透後，把帆上的牙簽插進船身。完成，預備起航！

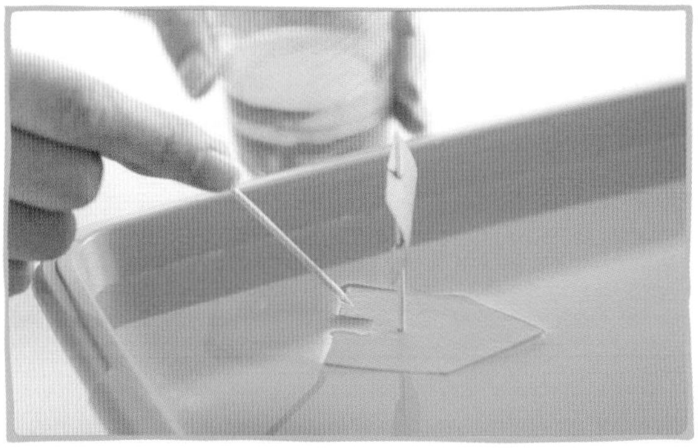

5 將船放在托盤裏，把船放在一角，船頭指向托盤中心。用牙簽沾一點肥皂或洗潔精，觸碰凹口後方的水面。

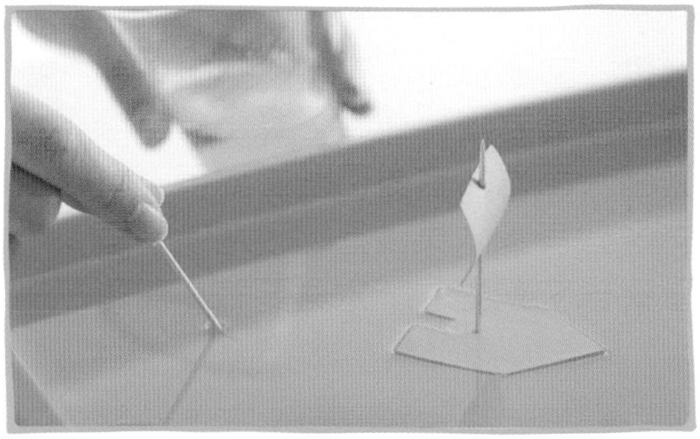

6 船自動出發了！繼續用牙簽沾洗潔精，再觸碰凹口後方的水面，船就可保持航行。但如果水裏有過多洗潔精，就要換水，才能讓它繼續運行。

# 運作原理

這實驗運用了「表面張力」的原理，意思是水分子會黏在一起，分子之間會向四方八面拉扯，拉緊水的表面，就像氣球的外層一樣。但是，當你將肥皂或洗潔精滴進水裏，就會削弱船後水分子之間的連結，令水表面的張力減少。結果，水面的其餘部分拉開來，拖着船向前移動。

滴進肥皂或洗潔精後，它們
會迅速向四方八面擴散。
肥皂或洗潔精減弱了
水分子之間的連結，
船就被推動。

**表面張力是一種無形力，把水分子拉扯在一起。**

## 現實中的科學

### 吹泡泡

你有沒有想過，為什麼不能用水來吹泡泡？這是因為水的表面張力太強了，你不能令水伸展成其他形狀。但把水混合了肥皂後，能減低水的表面張力，令你可以把空氣吹進水裏，形成泡泡而不會立刻爆開。

# 神奇過濾器

想像一下，如果你生活在一個家中沒有自來水，也買不到樽裝水的地方，而是要飲用來自河流、湖泊或池塘裏的水，你要怎樣才能去除水裏的沙泥和雜質？世上很多人是這樣的，而這個實驗會教你用膠樽來做一個簡單的濾水裝置，看看眼前骯髒的水怎樣變乾淨吧！

## 骯髒的水

大自然的水往往帶着雜質，直接飲用會引致不適。你可以輕易拿走浮在水面的樹葉、枯枝或昆蟲屍體，但是骯髒的水裏還混雜着無數細小的塵粒，有些甚至帶有看不見的細菌和病毒。要怎樣去除這些雜質？答案就是用過濾工具。

在過濾器裏加入木炭，
有助將水淨化。
乾淨的砂礫可以
阻隔浮在污水上
的塵粒。

污水會經過幾層不
同物料的過濾層。
實驗後，過濾出來的
水會乾淨得多，但絕
對不適合飲用。

# 如何製作神奇過濾器？

做濾水器只是實驗的第一部分，接下來你還要做些骯髒的水來測試濾水器。實驗所需的物料不難找到，但部分可能要請大人幫忙。雖然過濾器功效不錯，但過濾後的水絕不能飲用，必須倒掉！

**需時**
25分鐘

**難易度**
中等

**實驗工具：**

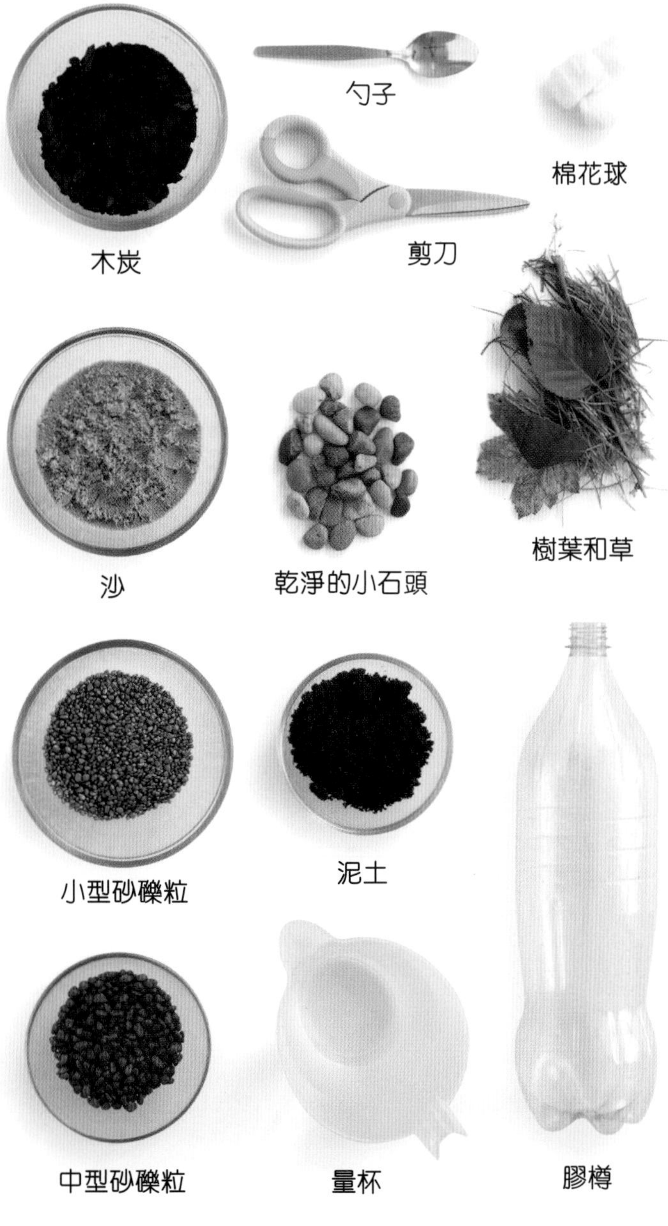

**1** 請大人幫忙，在膠樽中間偏上的位置，剪開膠樽。樽身上半部分用作過濾污水，而下半部分是底座，收集過濾了的水。

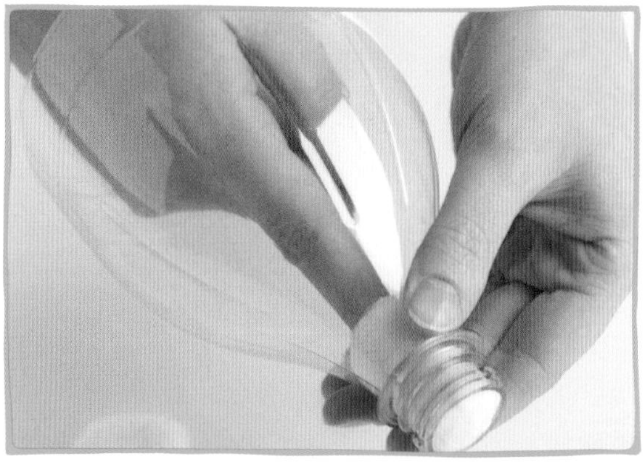

**2** 拿走樽蓋，把棉花球塞進樽口並壓實。棉花球可以阻隔浮在污水上的細小污垢。

3 反轉膠樽上半部分，放到底座上。在棉花球上加入一層木炭，約1厘米高。如果木炭很大塊，先將它壓碎成小塊才放入過濾器。

4 加入2厘米高的沙，用指頭壓實沙和木炭。這兩層物質緊密排列，可以減慢水流，濾走不少污垢。

5 先加入1厘米高的小型砂礫粒，再加入2厘米高的中型砂礫粒。要盡量壓實這兩層物料，就像沙和木炭那兩層一樣。

濾水器有越多層，濾出來的水就越乾淨。

6
最後加入小石頭，要完全覆蓋中型砂礫粒層。越高層的物料，物料之間的空隙越大。好了，濾水器已完成！

**7** 是時候製作污水。將水注入量杯，然後加入泥土。用勺子拌勻水和泥土，最細小的土粒會浮在水面，或溶於水中。

泥土顆粒裏含有細小生物如細菌等。

將這些大自然東西放進污水裏，就不再那麼美了。

**8** 加入幾片樹葉和小草。這杯水現在真的很髒，夾雜了各種大小的東西，還有不同物質溶於其中。如果喝了這樣的水，很可能會生病！

樹葉和草會浮在河流或池塘上。

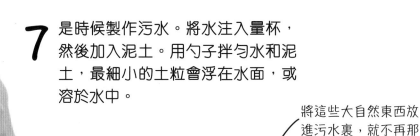

實驗完成後，記得徹底清洗量杯。

**9** 將污水緩緩地倒進過濾器。用手扶着過濾器，確保它不會翻側。大家會看到水經過不同濾層滴進底座時，變得乾淨多了！

## 運作原理

水總能找到方法穿過石頭、砂礫、沙、木炭和棉花，但過濾層的間隙或孔隙，則會困住與水混在一起的雜質。越往底層，孔隙越細，所以不同大小的雜質會被困在不同分層裏，而非全部困在同一層，造成淤塞。之後，木炭以吸附作用，除去一些溶於水的物質，把水淨化。

**切記！實驗後的過濾水雖然看上去很乾淨，但不能飲用！**

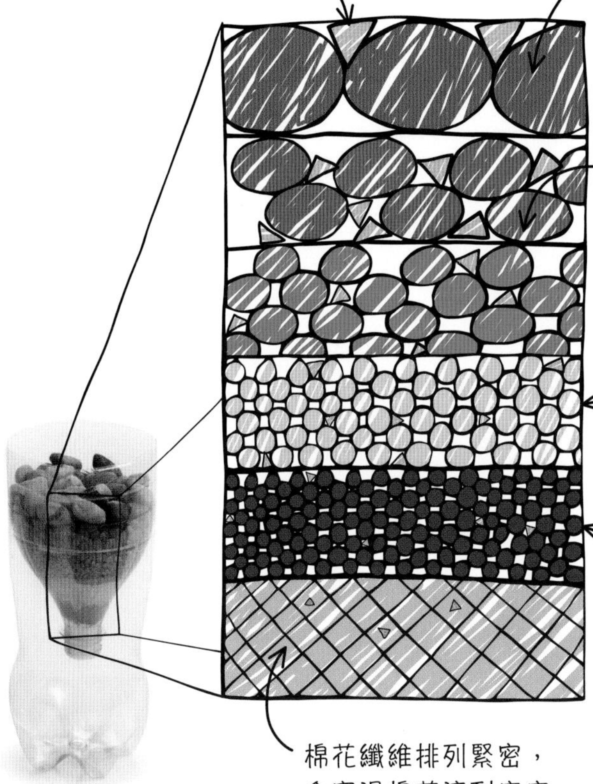

水中的雜質
小石頭阻隔最大的雜質。
兩種大小的砂礫粒阻隔較小的雜質。
沙粒的細孔可以困住許多細小的生物。
木炭能除去溶於水的雜質。
棉花纖維排列緊密，令穿過棉花滴到底座的水變得乾淨。

## 現實中的科學

### 便攜式戶外濾水吸管

發生地震或洪水等災難後，人們在災區很難找到乾淨食水。「便攜式戶外濾水吸管」則可以讓人直接飲用任何水，不論水源有多骯髒，吸管內有許多幼細的纖維，能阻隔致病的細小生物。

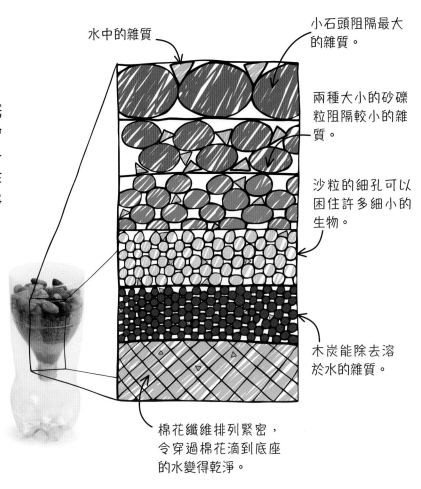

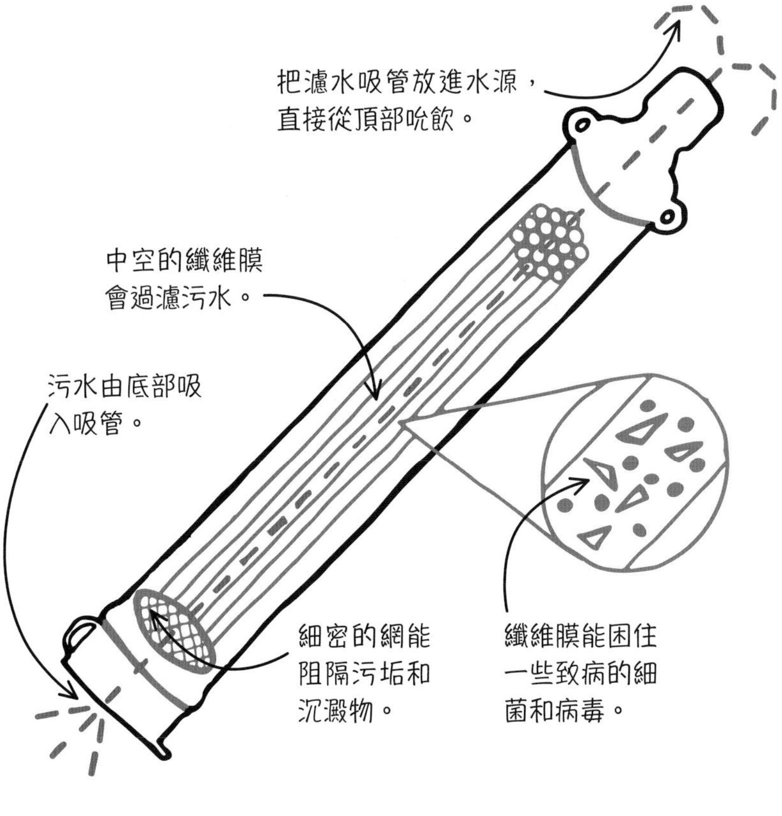

把濾水吸管放進水源，直接從頂部吮飲。
中空的纖維膜會過濾污水。
污水由底部吸入吸管。
細密的網能阻隔污垢和沉澱物。
纖維膜能困住一些致病的細菌和病毒。

# 鮮豔的鐘乳石

在許多洞穴，都會發現洞頂懸掛着一些閃閃生輝的晶體結構，那就是鐘乳石。鐘乳石通常都很巨大，向地面延伸的部分呈尖狀，這種自然景觀是由雨水中的礦物形成。這些冰柱形的結構可能已經有數千年的歷史！在這個實驗，你可以建起自己漆黑神祕的洞穴，然後看着鐘乳石每天生長。

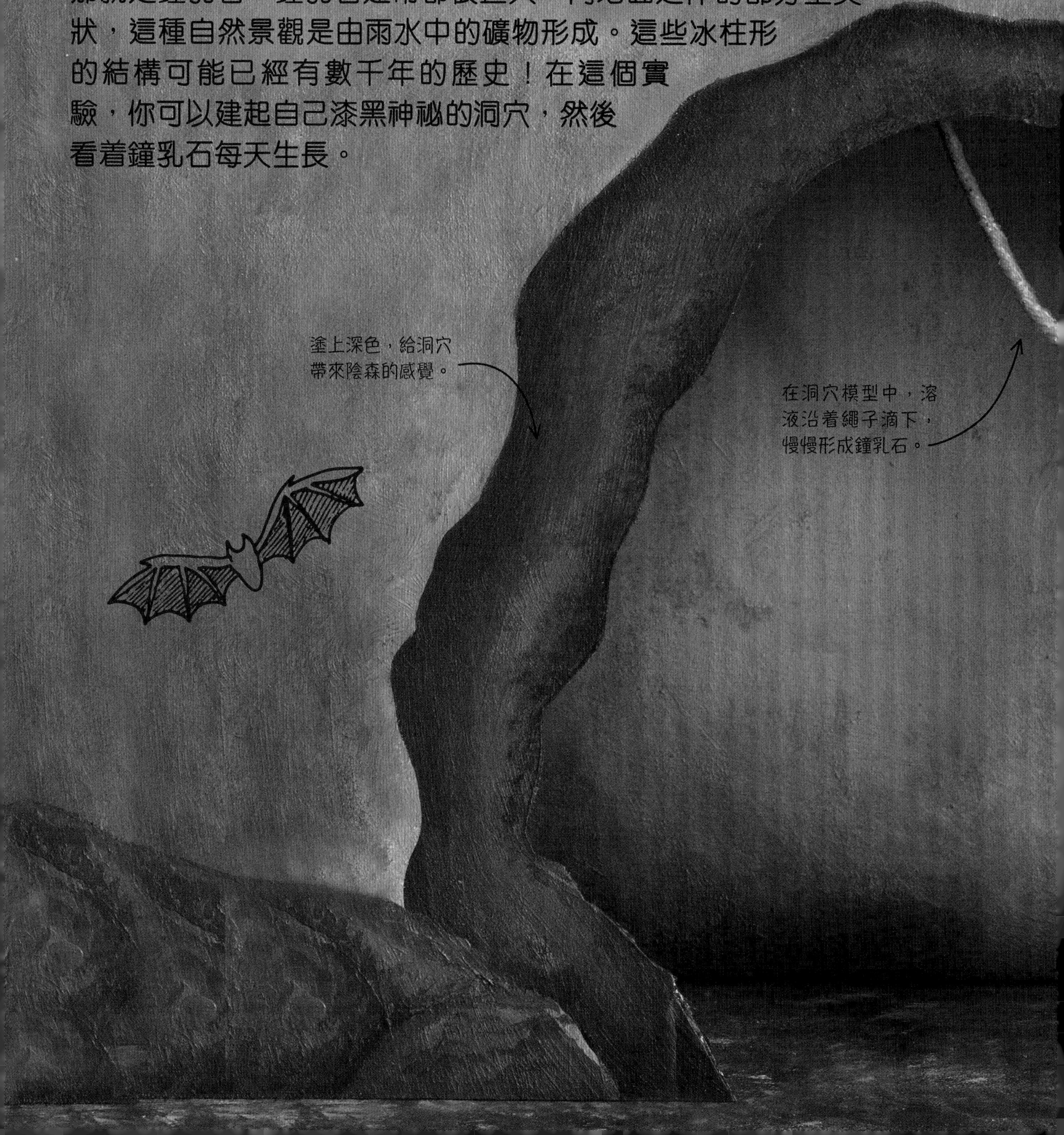

塗上深色，給洞穴帶來陰森的感覺。
在洞穴模型中，溶液沿着繩子滴下，慢慢形成鐘乳石。

## 建立屬於你的洞穴

當地底的河流或雨水在岩石中溶解出一大片空間，就會形成石灰岩洞，而大部分鐘乳石都出現在石灰岩洞。但實驗中，你的鐘乳石會在鞋盒裏完美地生長，你還可製作不同顏色的鐘乳石。不過，你的鐘乳石只是一個超級迷你版本，因為世界上最大的鐘乳石長達數十米！

你可以自製任何顏色的鐘乳石，甚至加入螢光色的食用色素，令鐘乳石在黑暗中發光。

# 如何製作鮮豔的鐘乳石？

鞋盒可以成為最佳的鐘乳洞。要製作鐘乳石，你需要一種白色礦物：瀉鹽（即硫酸鎂），可以在健康用品店找到。鐘乳石需要至少1星期才能形成，請耐心等候，也切勿將瀉鹽放入口中，用完後要徹底洗手，瀉鹽雖然不含毒性，但吞食後會令腸胃不適。

**需時**
15分鐘，另加
1星期等待時間

**難易度**
中等

**實驗工具：**

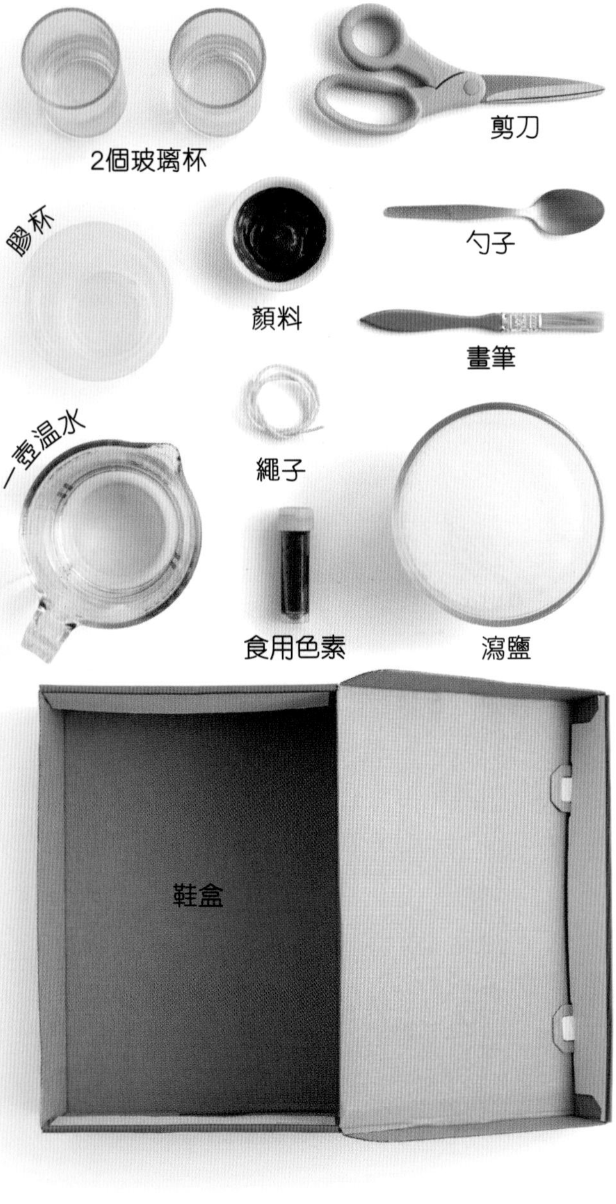

1 先在盒蓋上剪出一個大圓洞，成為洞口。修剪一下盒蓋，使它剛好能放進鞋盒。

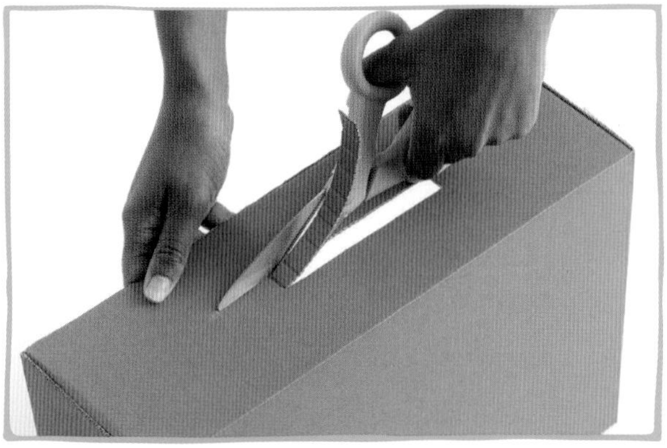

2 在盒的一邊剪出一個開口，作為洞頂。約闊1厘米、長15厘米，可視乎鞋盒大小調節尺寸。之後開口會用來給繩子穿過和垂掛。

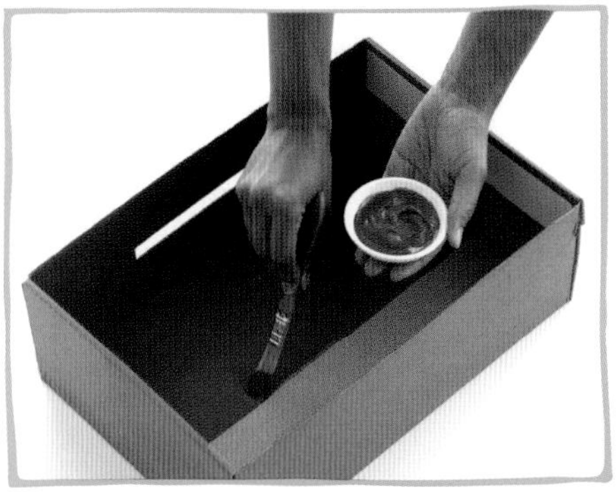

3 將鞋盒塗上灰色，讓它看似洞穴。你還可給洞口塗上其他顏色的條紋，代表岩石裏的礦物。

4 將食用色素加進溫水裏拌勻，再倒進兩個玻璃杯。把瀉鹽加進兩個玻璃杯攪拌，直至瀉鹽不能再溶解。

5 剪走膠杯底部，做成一個扁碗，放在洞底，盛載滴出來的液體。

懸掛前先浸濕
整條繩子。

6 剪出40厘米長的繩子，將兩端各10厘米放進兩個玻璃杯裏。將玻璃杯放在盒頂兩端，讓繩子中間呈V字，穿過盒頂開口垂掛。

7 讓裝置靜止1星期或以上，越久越好！當液體從繩子滴落，鐘乳石就形成了。

液體從繩子的
V字處滴落，
這個位置慢慢
形成鐘乳石。

## 運作原理

瀉鹽在水中溶解時，會形成帶正電的鈉離子及帶負電的硫酸根離子的溶液。由於繩子裏有數千條細小的中空纖維，所以會不斷吸收溶液。但把繩子懸掛時，溶液中的水會慢慢滴落而減少，令溶液的濃度更高，鈉離子與硫酸根離子重新結合，形成微小的硫酸鈉晶體，並隨着時間慢慢向下變成較大的晶體。

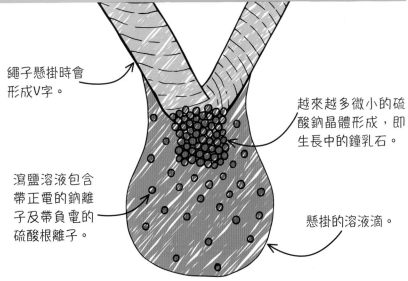

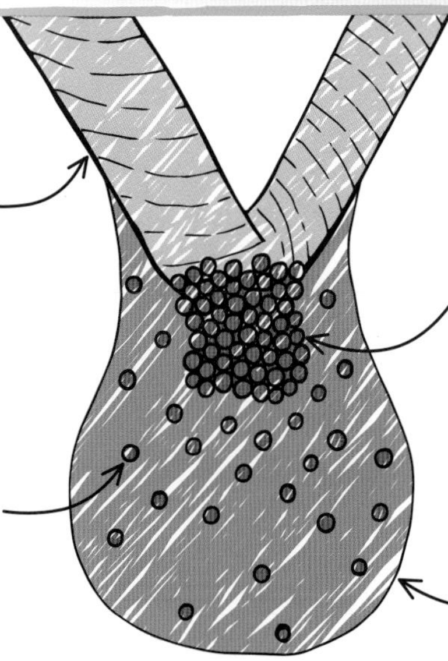
繩子懸掛時會
形成V字。
越來越多微小的硫
酸鈉晶體形成，即
生長中的鐘乳石。
瀉鹽溶液包含
帶正電的鈉離
子及帶負電的
硫酸根離子。
懸掛的溶液滴。

# 夢幻沐浴球

自製香氣四溢的顏色沐浴球，在家中或酒店浸浴時，增加氣氛。這個實驗運用了酸鹼反應的原理：他他粉（酸性）和小蘇打粉（鹼性）在水裏溶解時，會產生一種柔和、令人感到舒服的氣泡，來好好放鬆吧！

沐浴球開始在水裏
慢慢溶解。
沐浴球裏的食用色素給
浴缸的水添上繽紛色彩。

## 泡泡浴

沐浴球一碰到水，就會發生化學反應，釋放出二氧化碳的氣泡。沐浴球繼續溶解，釋放你加進去的材料，包括食用色素、橄欖油和精油。

在化學反應之下，沐浴球釋放出二氧化碳氣泡。

# 如何製作夢幻沐浴球？

將兩種乾的化學品：他他粉和小蘇打粉，混合放進水中，便會產生化學反應。你可加入少許精油令香氣四溢，加入食用色素以添加色彩，而加入橄欖油則可潤膚。

**需時**
30分鐘，另加2天等待製成品乾透

**難易度**
中等

**實驗工具：**

**1** 將2茶匙的橄欖油倒進大碗中，橄欖油能令材料結合在一起，並滋潤皮膚。之後加入小蘇打粉、他他粉，以及幾滴精油到大碗。

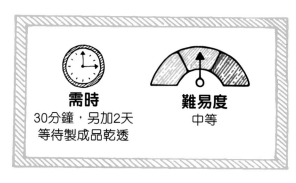

**2** 在大碗中加入至少15滴食用色素，粉末吸收了食用色素後，顏色會變淡。當粉末表面形成了小水珠，就表示粉末正在吸收色素。

仔細拌勻乾的粉
末和濕的材料。

3 用湯匙拌勻所有材料。這個階段的混合物仍然呈鬆散的粉狀，並殘留了食用色素粉球。不用擔心，下一個步驟加水後，混合物的黏稠度就會改變。

細心聽的話，
會聽見混合物
發出「滋滋」
的聲響。

4 向混合物噴幾次水。當他他粉溶於水，與小蘇打粉產生化學反應，便會發出「滋滋」聲。

將混合物堆壓成懸崖
狀，如果周圍塌下
來，就再噴水。

5 混合物的外觀和質感，變得像濕潤的沙子。如果混合物沒有塌下，就可以將混合物轉移到模具。如有需要，可以再噴水，以達到適合的黏稠度。

6 用勺子將混合物平均放入模具中。之後要徹底清洗大碗和勺子。

將混合物舀進
每個模具。
把混合物填至
模具頂部。
每個模具的混合物
分量相同。

壓實模具裏
的混合物。

將混合物靜置在
模具中至少2天。

**7** 將混合物平均放進模具後，用手指或湯匙壓實混合物，並抹勻混合物表面，令混合物外形整齊，不會鬆散開來。

**8** 靜置混合物至少2天，直至乾身。混合物的水分會流失到空氣裏，變得堅硬，但不會完全乾透至裂開，因為橄欖油會令粉末黏在一起。

脫模的動作要輕柔，
不要弄破沐浴球。

**當酸性和鹼性在水裏起反應，稱為中和反應。**

**9** 幾天後，輕力地脫模，沐浴球完成！如果你用的是矽膠模具，還可以重用來再做一批沐浴球，並試做不同顏色。

不用擔心沐浴球的
表面不平滑，這不
會影響功效。

**10** 不要將沐浴球放在會沾到水的位置，留待浸浴時才使用。

**11** 浸浴時，可以在浴缸裏放一個沐浴球，享受氣泡浴的提神效果。隨着沐浴球在水裏溶解，它會釋出許多氣泡，而橄欖油會滋潤皮膚，精油的香氣則讓人放鬆。

## 延伸實驗

你有朋友很喜歡浸浴嗎？不妨送幾個香噴噴又好玩的沐浴球給他們吧。你可以加入許多天然材料，例如乾薰衣草或乾玫瑰花瓣，還可以加上精美包裝呢。

加入乾玫瑰花瓣或其他乾花，令沐浴球更獨特。你可以在攪拌材料時，將花瓣放進去，其他步驟一樣。

花瓣會壓實在沐浴球裏，將沐浴球放在水中後，花瓣便會浮上水面。

## 運作原理

沐浴球發出「滋滋」聲，代表正發生化學反應。小蘇打粉是碳酸氫鈉的俗稱，溶於水時呈弱鹼性，它會跟酸性的酒石酸氫鉀（他他粉）發生化學反應，分解成：鈉（溶於水）、氫氧化物（跟酸性裏的氫結合成水），以及二氧化碳氣體（即氣泡）。

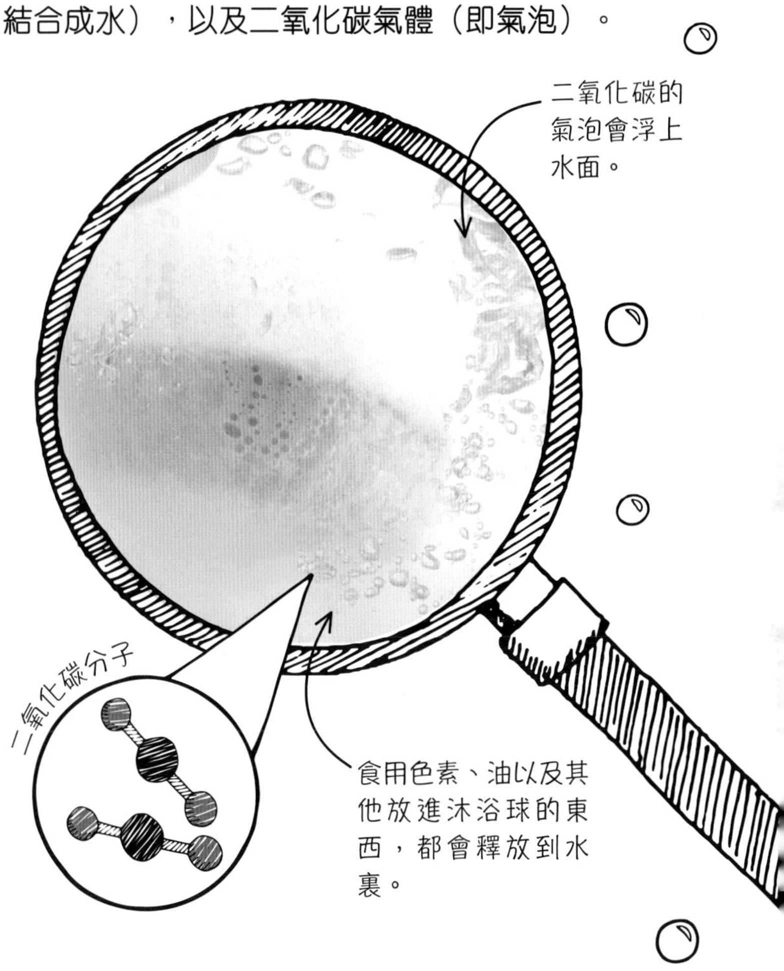

二氧化碳的氣泡會浮上水面。
二氧化碳分子
食用色素、油以及其他放進沐浴球的東西，都會釋放到水裏。

## 現實中的科學

### 起泡的藥片

有些維他命藥片含有鹼和酸，遇水會產生化學反應。維他命會釋放到氣泡飲料中，比起吞服藥片，喝飲料容易得多。

# 獨一無二冰晶球

這些色彩繽紛、圖案漂亮的彩球，很容易被人誤以為是珍貴的珠寶、神秘的深海怪獸，甚至是來自太空來的外星生物，但它們只是有顏色的冰晶球。自製的冰晶球是找不到兩個一模一樣的，因為當冰晶球融化時，裏面食用色素的擴散情況都不同。這些冰晶球會一直融化，如果你想給這些美麗的球體拍照，記得要盡快按下快門啊！

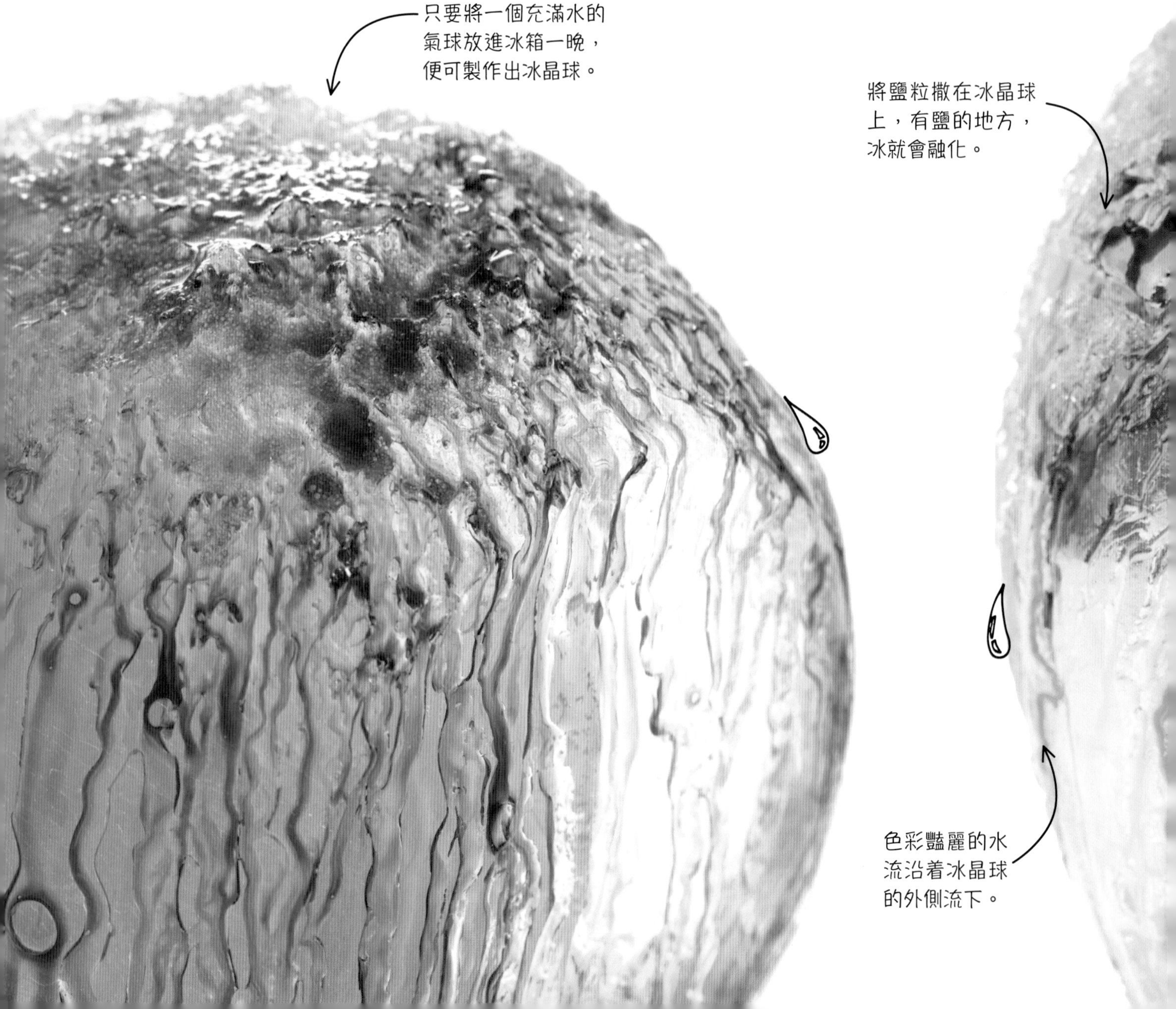
只要將一個充滿水的
氣球放進冰箱一晚，
便可製作出冰晶球。
將鹽粒撒在冰晶球
上，有鹽的地方，
冰就會融化。
色彩豔麗的水
流沿着冰晶球
的外側流下。

## 色彩斑斕的冰晶球

要製作美麗的冰晶球，只要將水灌進氣球並冷藏。完成後，將鹽撒在冰晶球頂部，會使該部分融化，令外側出現像小河般的水流。這時，把食用色素加入冰晶球，色素便會溶於水裏，令水流變成任何你加進去的顏色，形成紅黃藍綠漂亮的花紋。

# 如何製作冰晶球？

這個簡單而快捷的實驗，能做出相當好看的製成品。你只需要做一個冰晶球，然後加點鹽和食用色素，精彩的花紋便會慢慢呈現。但要留意，加了鹽的冰會更冷（鹽和冰的混合物可以低至 -21℃），所以加入鹽後，千萬不要觸碰冰晶球！

**需時**
10分鐘，另加
冷藏時間

**難易度**
容易

**實驗工具：**

食用色素
（越多顏色越好）

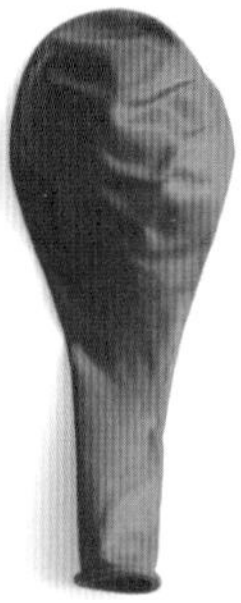

氣球

大碗

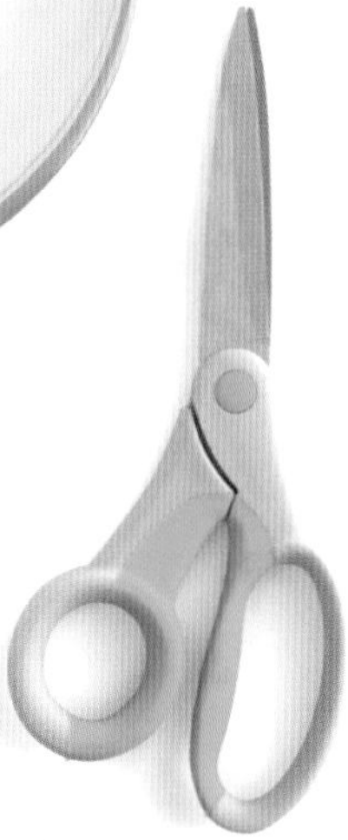

剪刀

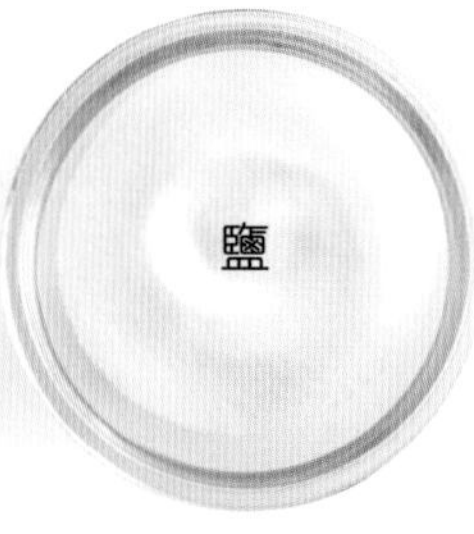

鹽

另外，你也需要冰箱和水來製冰。

如果冰箱有足夠空間，可以將盛滿水的氣球連同大碗一起放進冰箱，令氣球可以保持圓形。

**1** 將氣球的開口放到水龍頭下，慢慢讓氣球盛水至半滿。注水後把氣球打結，將氣球放進冰箱一晚。

如覺得冰晶球太冷，可以戴上手套。

**2** 第二天，從冰箱取出氣球。氣球會變得很硬，因為裏面的水已凝固成冰。剪走氣球的結，慢慢撕走氣球的橡膠。

3 將冰晶球放進大碗裹。在冰晶球上撒一點鹽，接觸到鹽的冰會慢慢融化，鹽令冰晶球的表面出現許多細小的洞。

4 在冰面上倒一些食用色素。色素最初會停留在冰頂部，但很快就會被融化的冰吸收，形成一道道顏色河流，沿着冰的外側滑落。

5 試加入不同顏色的食用色素，令冰晶球更美。如果用電筒照向冰晶球，可以看到更震撼的效果！

## 運作原理

鹽粒是晶體，由鈉離子和氯離子結合而成。冰是由整齊排列的水分子所組成的結晶結構，結構中的水分子之間有空隙。當鹽撒在冰晶球上，鹽的兩種離子會佔據水分子之間的空隙，破壞了整齊排列的水分子結構，所以固體的冰便變成液體的水，鈉離子和氯離子均勻散布在水分子間。除非氣溫再降，否則鹽水中的水分子無法再次整齊排列。

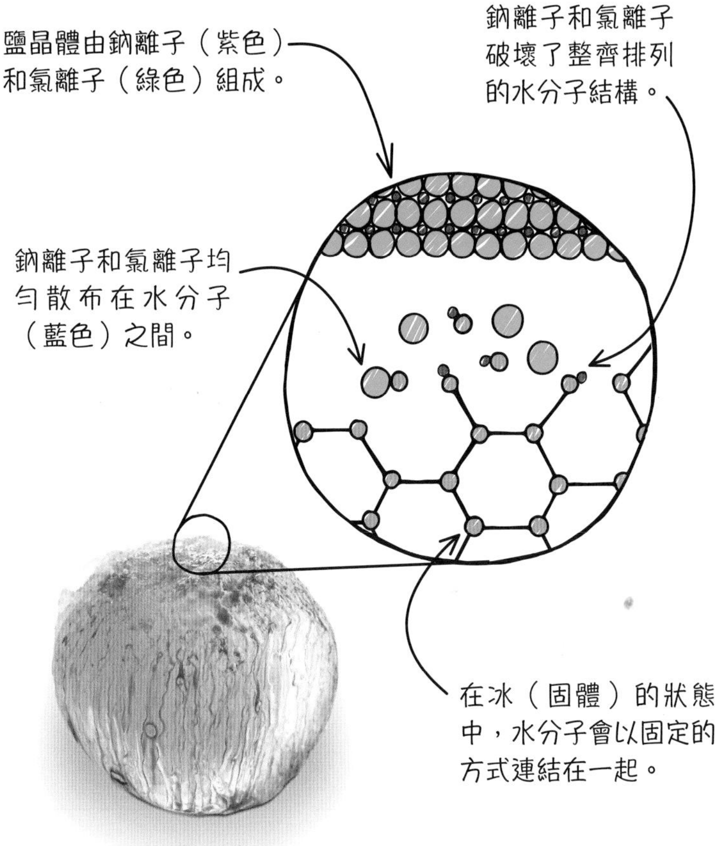
鹽晶體由鈉離子（紫色）和氯離子（綠色）組成。
鈉離子和氯離子破壞了整齊排列的水分子結構。
鈉離子和氯離子均勻散布在水分子（藍色）之間。
在冰（固體）的狀態中，水分子會以固定的方式連結在一起。

## 現實中的科學

### 道路除冰

雖然在香港較難看到，但在嚴寒地區，有些特製的貨車會在主要的車路和街道上撒鹽，以防止意外發生。因為鹽會降低水的凝固點，所以既可熔化路上的冰雪，也能阻止水凝固成冰。

# 戶外奇觀

在大自然中，我們會發現各種科學的現象。本章有一些實驗，讓你可以創造各式自然奇觀，例如迷你雨林，或爆發的火山；你可以運用感光紙和樹葉，感受一下太陽光的威力；還可以用紙杯做一個有效的風速計來測量風速。你不需要有高超的藝術天分，也可以進行這些實驗，而完成後，這些美麗的作品都值得保存下來留念。

# 膠樽裏的雨林

在這個實驗，你可以製作專屬於你的雨林，膠樽裏的植物可以自行生長，不需要你特別照顧。最神奇的是，你只需要澆一次水，雨林便會懂得製造「雨水」，就像生機勃勃的真實雨林那樣。

### 密封系統

在這個密封空間，雖然空氣和水都不能進出，但膠樽內的植物都能茁壯成長。在自然界中，包括動物、植物、泥土等在生態系統內的所有東西，都會為了生存共同合作。

你需要使用透明的膠樽，讓太陽光可以照射進去，供給植物所需。
樽身能收集水分。
你可以加入苔蘚或其他小植物。
泥土會像海綿般儲存水分。

# 如何製作膠樽裏的雨林？

製作迷你的雨林，你需要一棵種在乾淨泥土中的健康植物，並在一個膠樽裏面放些小石頭、開心果殼和木炭。盡量選用活性炭，因為它是很好的吸收劑。木炭會吸走枯萎植物產生的化學物質，以免雨林發出惡臭！

**需時**
20分鐘

**難易度**
中等

**實驗工具：**

**1** 將膠樽剪成兩段，底部高約10厘米。先放一層小石頭，接着放一層木炭。膠樽上半部留着備用。

**2** 將開心果殼鋪在木炭上，開心果殼可阻擋上層的泥土跌進木炭和小石頭裏。

**3** 小心取出盆栽中的植物，放在開心果殼上。拿起膠樽時，盡量不要讓樽內幾層東西搖晃。

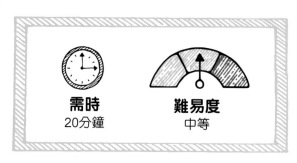

**4** 將盆栽裏的泥土小心地加入膠樽內。多餘的水分會滴到下層，但底層的小石頭能阻止樽內變成濕漉漉的沼澤。

**5** 在葉上子噴水，也在泥土中加入少量水，令泥土變得濕潤。

**6** 膠樽雨林準備要與世隔絕。把膠樽的頂部和底座重新蓋好，並用膠紙封好。自此沒有空氣和水能進出膠樽。

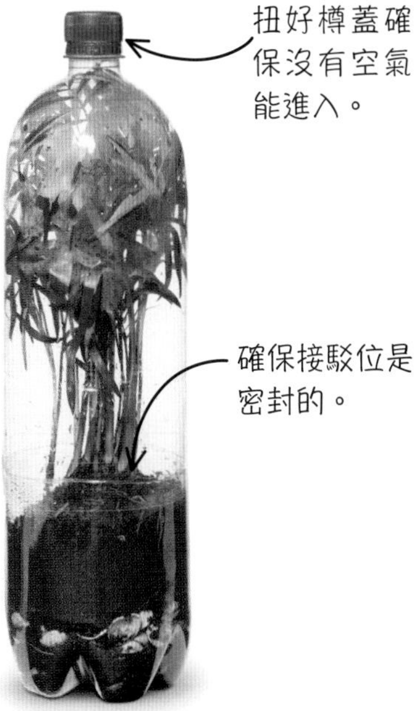

扭好樽蓋確保沒有空氣能進入。
確保接駁位是密封的。

**7** 雨林完成了！將它放在有太陽光和溫暖的地方，但不要被太陽直射，否則會太熱，樽底的水分便會蒸發，導致植物缺水。

# 運作原理

植物透過蒸騰作用，從根部吸收水分，並向上牽引到葉片。水分在葉片內蒸發變成水汽，水汽從葉片底部細小的洞孔排出，空氣中遇冷凝結成小水點，集結成雲。在這個實驗中，水蒸氣會在樽內凝結成水滴，像雨水一樣滴進泥土，形成循環。

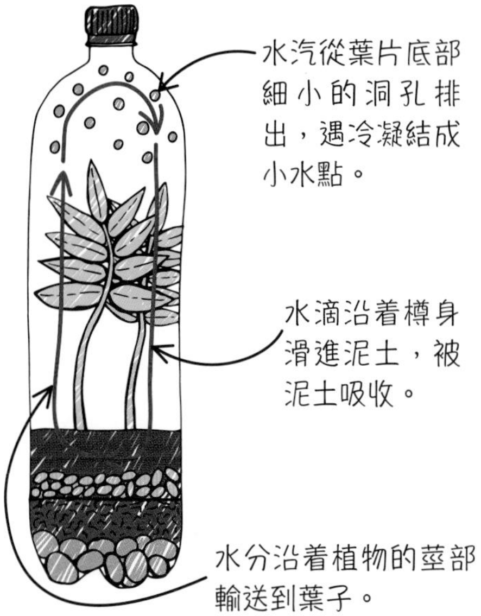


# 現實中的科學

## 亞馬遜熱帶雨林

熱帶代表「接近赤道」的區域。熱帶雨林總是霧氣瀰漫，每棵樹每天吸入幾百公升的水分。空氣總是充滿水蒸氣，經常下雨。

# 假可亂真的化石

我們之所以能夠認識一些遠古的動植物，是因為它們死後成為了化石。真正的化石需要數百萬年才能形成，但在這個實驗中，它們少於24小時便可以成為化石了！完成後，你可以將化石埋藏在沙土裏，然後化身為考古學家，盡情享受挖掘化石的樂趣！

上色時，可選用啡、黃等顏色，讓「化石」特別逼真。

## 仿作化石

這個實驗會教你怎樣用熟石膏製作貝殼化石，然後將貝殼塗上化石顏色，使它看起來非常古舊。你可以用各式自然物件作為仿作模型。以下的相片中，我們還利用已死的海星來製成「化石」。

將假化石埋在沙中，看看你的朋友能否找到它們，就像真正的考古學家那樣！

# 如何製作
# 假可亂真的化石？

製作化石的主要材料是熟石膏。熟石膏粉加水後會變得濃稠，乾透後會變硬，安全起見，請找大人幫忙處理熟石膏。這個實驗最有趣的地方，就是尋找適合製成化石的材料，可以是貝殼，或任何形狀和質感有趣的東西。

**需時**
10分鐘，另加12小時等待熟石膏乾透

**難易度**
容易

**警告**
使用熟石膏時，請大人幫忙。

**實驗工具：**

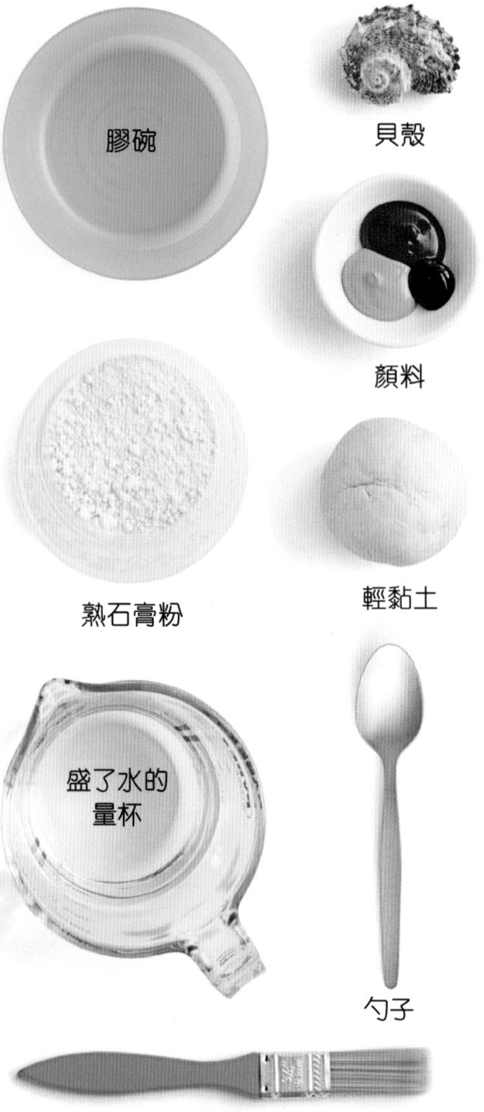

**1** 將水加入熟石膏粉，只要一杯石膏粉加入相同分量的水，就能製作出稠度適合的石膏糊。

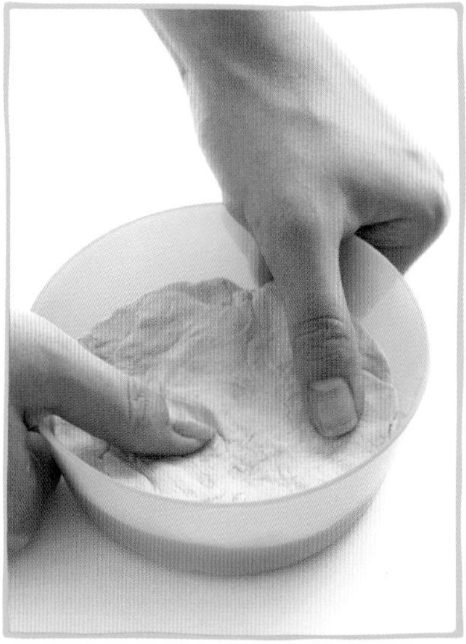

**2** 用輕黏土填滿膠碗的底部，大約高2厘米，用手指壓平輕黏土。

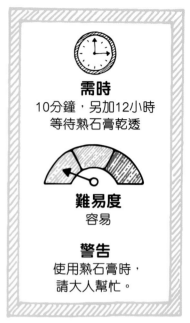

**3** 將一個貝殼牢牢壓進輕黏土裏，靜置30秒，然後小心取出。這時，你會看見貝殼的清晰形狀留在輕黏土中。

**4** 將熟石膏糊慢慢倒進膠碗，覆蓋貝殼形狀，靜置最少12小時，讓它凝固。記着，真正的化石要千百萬年才能形成！

**5** 熟石膏變硬後，可徒手拿或用工具撬出來，有需要可請大人幫忙。將熟石膏反轉，就可看到你的貝殼化石了。

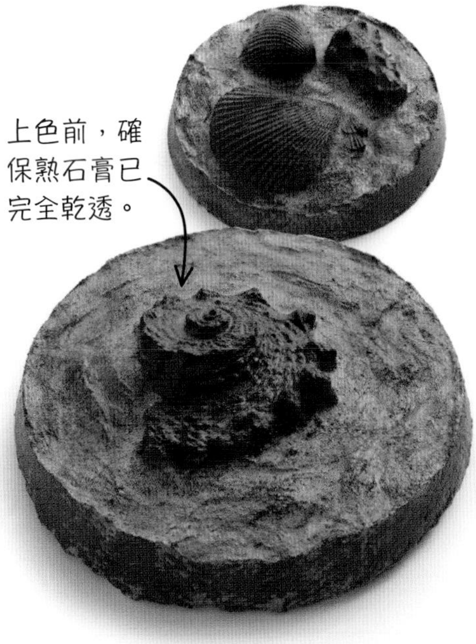

上色前，確保熟石膏已完全乾透。

**6** 整體上色後，可使化石更逼真。你可從家裏找來不同物件做化石，但必須得到物主許可，以免拿錯了價值連城的物件！

## 運作原理

你做的化石跟真正化石的形成過程很接近。動植物死後，其柔軟部分會腐爛和失去，留下的空間被淤泥填滿。幾百萬年後，淤泥轉化成堅固的岩石。研究恐龍的專家所發現的恐龍足印，便是這樣保留下來。

恐龍留下深深的足印。

潮退時，恐龍在水邊的軟泥中留下足印。

考古學家移除上面的岩石，發現足印。

潮漲時，足印會被淤泥填滿，最後形成一個岩石模具。

## 現實中的科學

### 三葉蟲化石

海洋生物三葉蟲在2億5千萬年前已絕種，牠們有一層硬殼保護，但沒有骨頭。當牠們柔軟的身體腐爛後，餘下的空間被礦物質填滿，形成化石。

# 逃離迷宮的植物

植物與你一樣，也需要食物才能生存和成長，但與你不同的是，植物能運用太陽的能量，自製食物。透過這個實驗，你會明白到太陽光對植物何其重要。你要考驗一顆豆，讓它追隨細小的光束，在黑暗的鞋盒迷宮中，找到出路。設置這個實驗不會花很多時間，但你要靜候結果，即使最快的種子，也要幾天才能發芽。

**奮力尋找光源**

植物穿越迷宮的智慧，肯定會嚇你一跳。為了尋找光源，它像蛇一樣伸延和屈曲，一直向上爬。原來植物的莖兩側，會視乎它們吸收了多少太陽光而改變各自的生長速度。

你可能要花上1星期或以上，才能看到綠色葉子走出迷宮，從鞋盒頂部伸出來。

# 如何製作逃離迷宮的植物？

這個實驗對你來說很容易，對植物來說卻很吃力！你要令種子發芽，然後在鞋盒做一條迷宮般的阻礙賽道，讓它攀爬。你需要進行一些裁剪工序，但其餘部分就要靠幼苗自行努力了。你要先把種子放進土裏，在窗邊靜待幾天，這時你可以製作迷宮鞋盒。幾天後，一旦種子發芽就表示實驗開始了。

**需時**
45分鐘，另加植物生長的時間

**難易度**
中等

**實驗工具：**

**1** 將蠶豆種子埋進堆肥，表層以下約2.5厘米位置。如果沒有堆肥，用培植土也可以。

**2** 給堆肥噴水，令堆肥濕潤，讓種子可以在幾天內發芽，確保種子得到足夠日照。

**植物朝光源方向生長的特性叫向光性。**

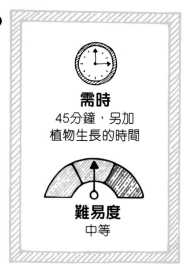

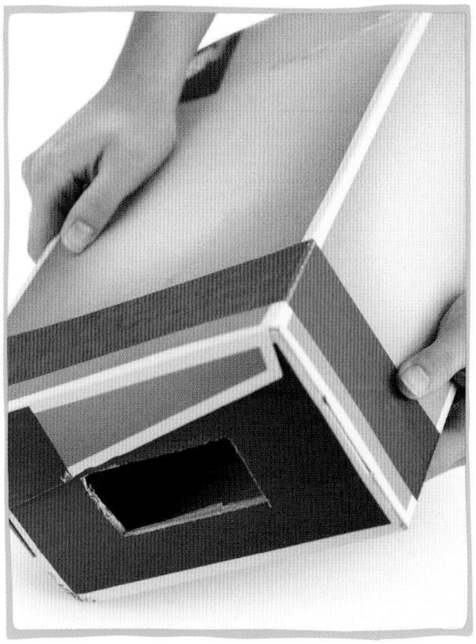

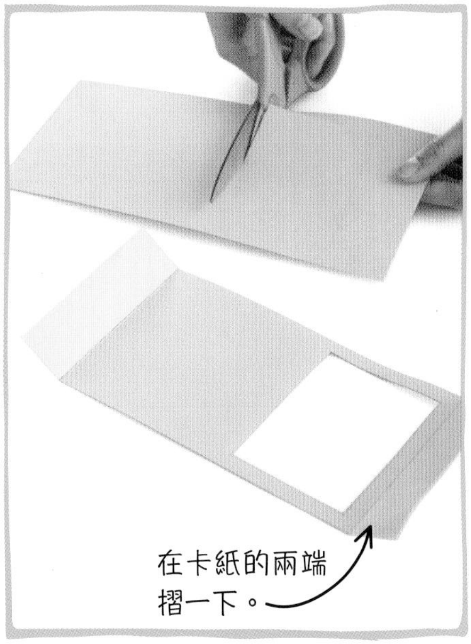

在卡紙的兩端摺一下。

3 在鞋盒一側剪出長5厘米、闊2.5厘米的洞。用膠紙封好鞋盒底部其他孔，以免有光從其他地方進入。

4 給鞋盒內外上色，好好裝飾。你可以先上白色作為底色，再在上面塗上深綠色或其他顏色。

5 將兩塊卡紙剪成適合放進鞋盒的大小，並在兩端預留位置，可往內摺。在卡紙的一邊剪出長方形洞口。

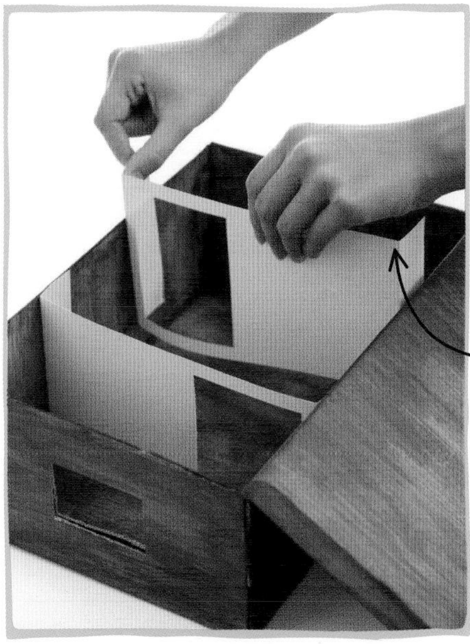

卡紙的洞口形成迷宮，蠶豆幼苗要自行尋找出路。

幼苗發芽後，會向着太陽光的方向生長。

6 用膠紙將卡紙內摺部分貼在鞋盒，穩定卡紙。將其中一張卡紙放在鞋盒約三分之一的高度，另一張放在約三分之二高度。兩張卡紙的洞口指向相反方向。

7 等待種子發芽可能需要數天。種子發芽後，便可以開始實驗了！檢查杯中幼芽，如果泥土太乾可以加水。

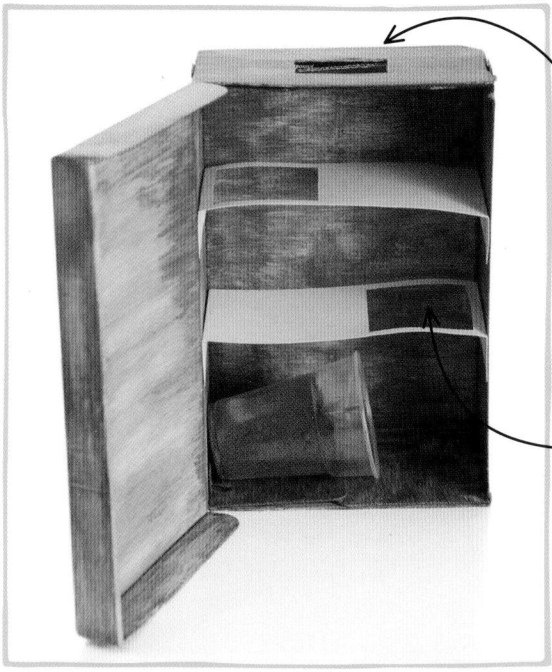

光源從頂部的洞口進入鞋盒。
植物只會吸收到通過卡紙洞口，照進來的太陽光。

**8** 將種有幼苗的膠杯平放在鞋盒底部，杯口要對外，放在卡紙的洞口下。

## 延伸實驗

既然看到植物成功穿過這個簡單的迷宮，現在可以向高難度挑戰！試做另一個迷宮，加入更多卡紙，或將卡紙的洞口剪得較小。你也可以改動實驗的其他部分，例如鞋盒的蓋是打開的話會如何？連頂口的洞也封起來會怎樣？如果不用鞋盒，在黑暗、光源只來自一個方向的環境裏，也能令植物轉向光源生長嗎？此外，你可以用發了芽的馬鈴薯來做實驗，這樣既不需要堆肥，也不需要澆水。

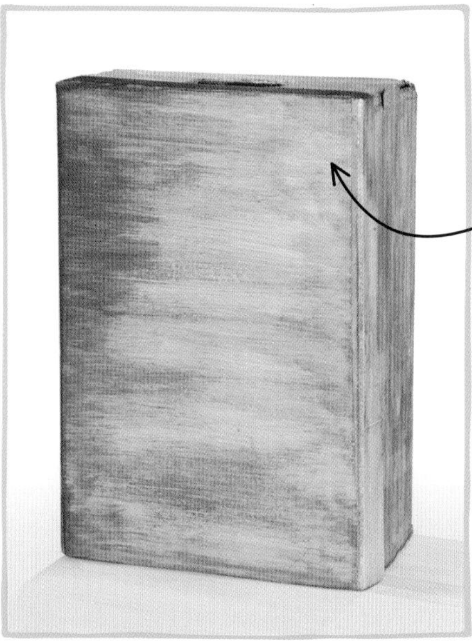

實驗期間，你只會看見關閉的鞋盒，所以要有耐性。

**9** 合上鞋盒，在接合位貼上膠紙。將鞋盒放在安全、陽光充足的位置，間中打開盒子澆水，讓幼苗健康生長。

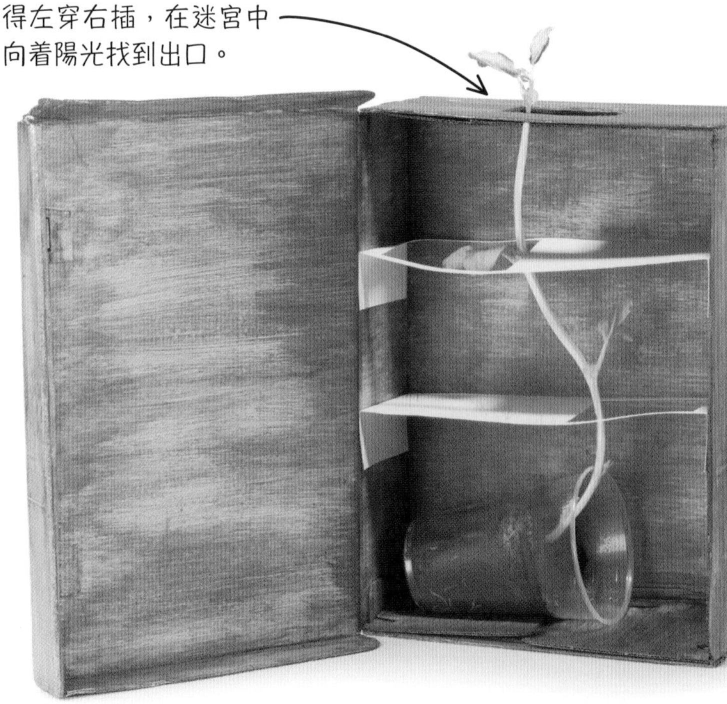

幼苗成功通過測試，懂得左穿右插，在迷宮中向着陽光找到出口。

**10** 除了澆水，盡量保持鞋盒封閉，直至在頂部的洞中看見幼苗伸出來，實驗就完成，可以打開鞋盒了！這可能需要1至2星期，但這結果值得等待。

# 運作原理

植物運用太陽光的能量製造食物。樹葉有葉綠素，能吸收太陽光的能量，利用能量將從泥土吸入的水分、空氣中吸收的二氧化碳，轉化為葡萄糖，這個過程稱為光合作用。葡萄糖為植物提供營養，因此植物為了生存，會極力尋找光源，盡可能吸取最多的太陽光。

另外，植物的生長狀態又取決於一種稱為生長素的化學物。植物某個部分有越多的生長素，該部分就會生長得越快。但太陽光會破壞生長素，所以在受到較多日照那一側的莖部，生長素會比較少。背向太陽光的那一面會有較多生長素，生長得較快，導致植物會彎彎曲曲向光源生長。

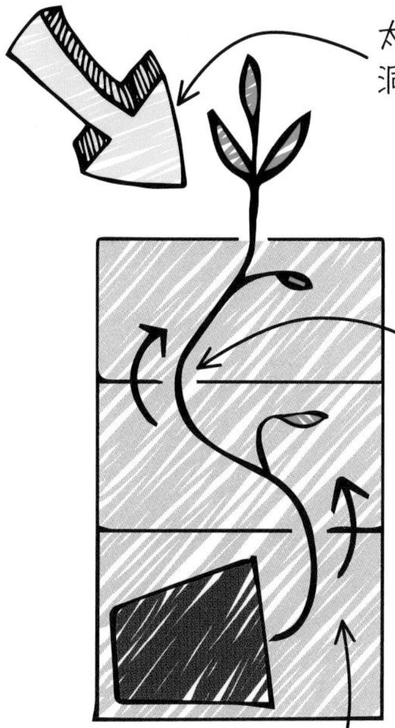

太陽光從頂部的洞口進入鞋盒。
植物會向着透進兩個開口的光源生長。
鞋盒的底部只有很少光。

# 現實中的科學

## 向日葵

初期，向日葵會在日間跟隨着太陽的方向，由面向東慢慢面向西。晚上，向日葵再次轉向東面，準備迎接第二天的日出。日間和晚間的轉向都是由生長素的多寡而引致。但到了開花中後期，向日葵就不會再跟隨着太陽方向轉動，而是通常向着東面。

## 光合作用

日間，樹木透過光合作用製造葡萄糖。晚上，它會運用葡萄糖的養分來存活和繼續生長。

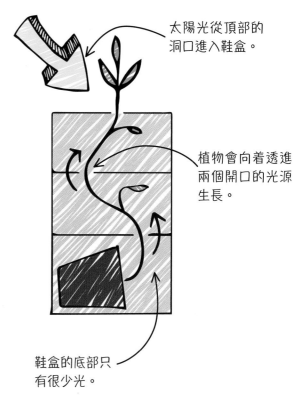

太陽光照射在樹葉上，為樹木帶來能量。
樹葉會排出透過光合作用製造的氧氣。
樹木會從空氣中吸入二氧化碳。
樹根會向外生長，以吸取足夠的水分。

# 美麗的藍曬畫

製作這些美麗的藍曬畫，你要在手工店購買一種特別的紙張──感光紙。想要最佳效果的藍曬畫，就選在陽光普照的一天來做實驗吧，因為在陰天進行實驗需要很長的時間。而最重要是圖畫的主角，你可以選用任何扁平或接近扁平的東西，例如樹葉或羽毛，創造一個令人驚豔的畫廊。動手製作吧！發掘你的內在藝術細胞！

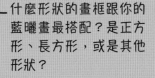

什麼形狀的畫框跟你的藍曬畫最搭配？是正方形、長方形，或是其他形狀？

感光紙會與太陽光發生反應，產生一抹深藍色的藍曬陰影效果。

## 藍白色的藝術品

藍曬畫是只用藍色和白色展現的影像，白色部分其實是物件的影子。將這些藝術品加上畫框，掛在牆上展示，效果會相當出眾。你可以用卡紙做出簡約的畫框，但如果想表現出傑出的大作，可能你要用一個現成的木框裱起。

用圓形畫框配襯蕨類植物的藍曬畫，加添了藝術設計感覺。

# 如何製作美麗的藍曬畫？

這個實驗需要用感光紙，感光紙的表面有一層與太陽光起反應的化學物。想達到最佳效果，可在陽光普照的日子，於室外進行實驗。這次要掌握好時間，準備一盤水，當曬到一定時間便立刻將紙放進水，因為曾曝光了的感光紙是不能再用。

**需時**
10分鐘，另加數小時的等候時間

**難易度**
容易

**實驗工具：**

放在黑色包裝袋的感光紙

圖釘

羽毛

薄毛巾

瓦通紙

厚重的書

盛了水的托盤

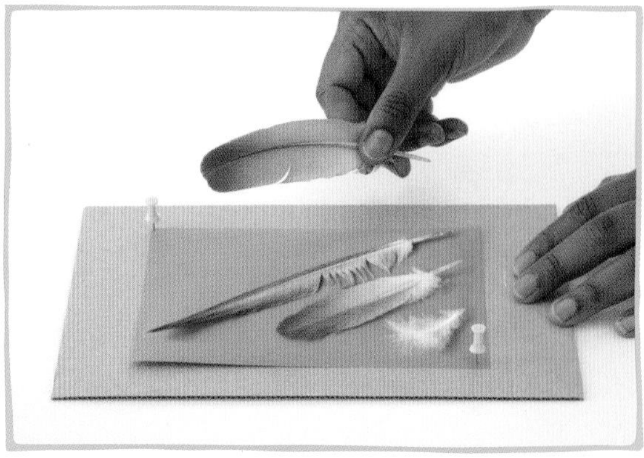

**1** 在室外，從包裝袋拿出感光紙，用圖釘將感光紙釘在瓦通紙上，然後儘快把羽毛放在紙上。等候數分鐘，期間避免移動任何東西。

**2** 等感光紙由深藍色變成淺藍色，取走羽毛和圖釘。羽毛阻擋了太陽光照到感光紙上，令紙上那些部分保持是深藍色。

3 快速將感光紙放進水裏。深藍色部分立刻被沖走，而紙上原來淺藍色的地方會變深。之後繼續將感光紙靜置在水中幾分鐘。

用薄毛巾印乾紙上的水。

4 將感光紙小心地放到乾淨的薄毛巾上，摺好和覆蓋後，把一本厚重的書壓在上面。書的重量能壓出紙裏的水分，並能令感光紙保持平整。之後靜待至少數小時。

5 打開薄毛巾，當紙乾透，藍曬畫就完成了！感光紙再次轉色，藍色的地方更深色，令白色的羽毛非常突出。

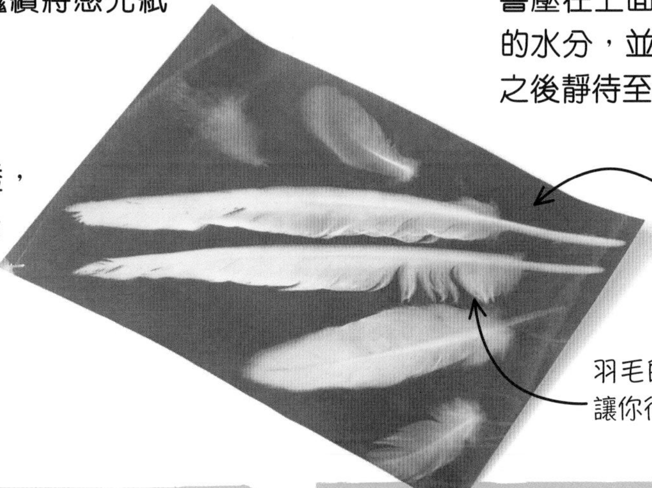

太陽的紫外光產生了化合物「普魯士藍」。

羽毛的陰影細節讓你很驚歎吧！

## 延伸實驗

為藍曬畫製作畫框，向朋友和家人展示你的美麗作品吧。只需要尺子、鉛筆、卡紙、膠水和剪刀，就可以製作畫框。

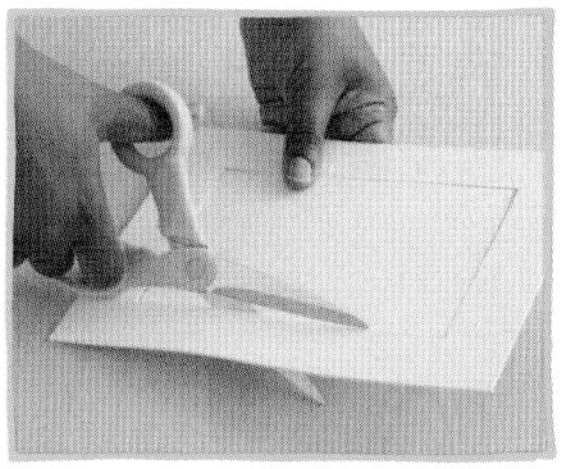

用尺子和鉛筆在卡紙上畫出一個長方形，大小比感光紙小一點，然後剪出來。

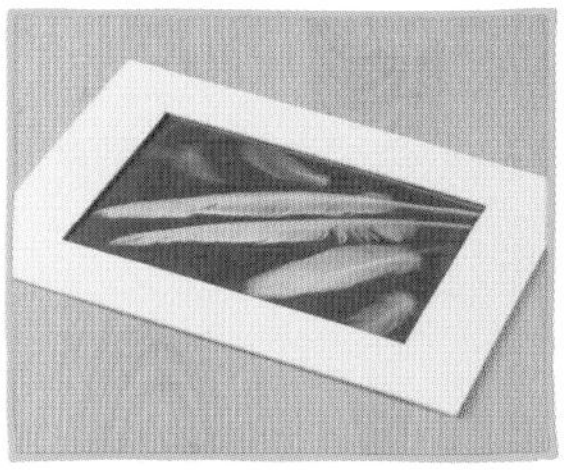

在畫框的內框邊緣塗上膠水，把感光紙貼在畫框後方。

## 運作原理

感光紙的表面有一層化學物，當受到紫外光照射，就會產生化學反應，在紙上產生一種深藍色的化合物，稱為普魯士藍。將感光紙放進水中，原本的化學物（就是羽毛遮擋了陽光的位置）就會被沖走，但普魯士藍就會留在紙上。

## 現實中的科學

### 脆弱的美國國旗

有些物質被太陽光長期照射後，會受到紫外光損害。所以收藏在博物館的一些重要展品，例如圖中有200年歷史的美國國旗，通常會存放在燈光較暗的地方。

# 火山大爆發

火山是巨大、呈圓錐形的山，經過數千至數百萬年而形成，熾熱的岩漿不時從火山口噴出。在這個實驗，只要用膠樽做火山口，用報紙做火山錐，然後火山便會在你家裏大爆發。雖然火山模型的熔岩不會像真正的熔岩般熾熱，但用家居用品做出化學反應、引發出泡沫液體，也相當好玩。砰嘭！火山爆發了！記得站後一點，不要被濺中啊！

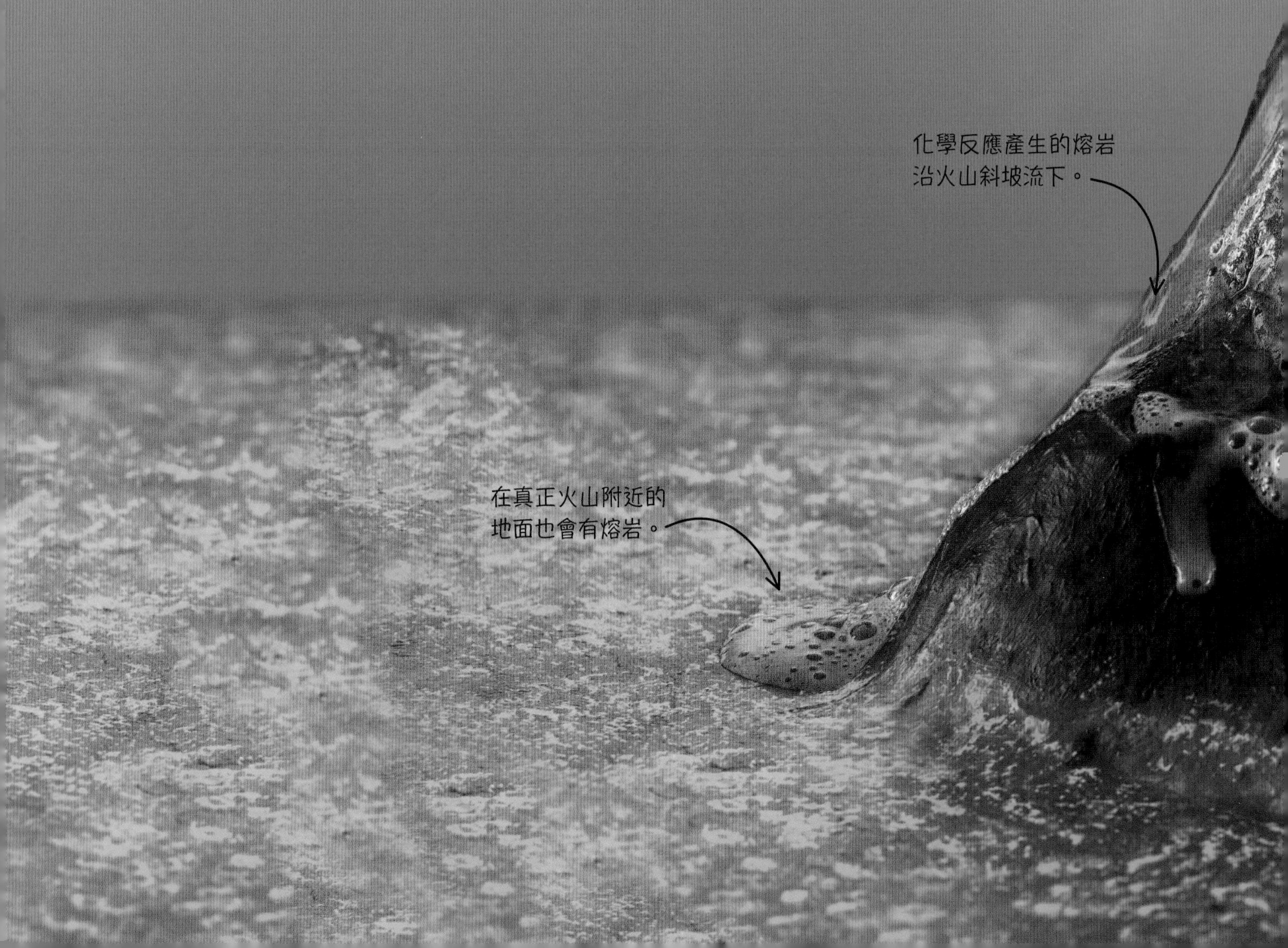
化學反應產生的熔岩
沿火山斜坡流下。
在真正火山附近的
地面也會有熔岩。

## 熔岩流

火山最初來自岩漿。當岩漿向上噴發，來到地面後便稱為熔岩。熔岩夾雜許多氣泡，所以看上去似是泡沫一般，就像你在實驗中會做的熔岩一樣。熔岩凝固後，會形成火山錐，所以每次爆發後，火山會變得越來越大。

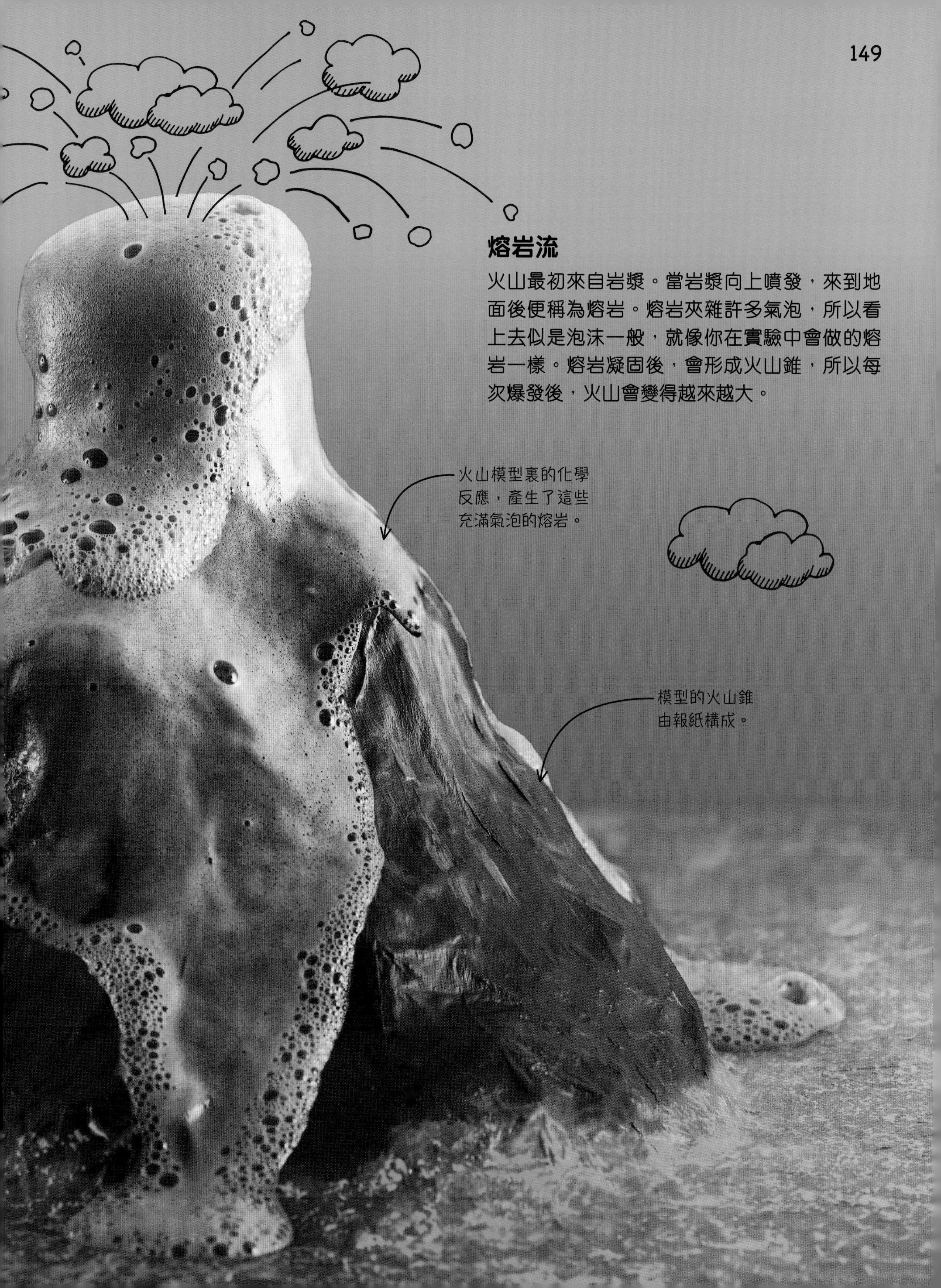
火山模型裏的化學反應，產生了這些充滿氣泡的熔岩。
模型的火山錐由報紙構成。

# 如何製作火山大爆發？

這個實驗的效果非常凌亂，建議在室外進行。要建造火山，先把報紙泡進由麪粉與水攪拌而成的粉漿，直至變得黏黏的，而爆發的壯觀場面就由醋和小蘇打粉做成。實驗完結後，用廚房紙或衞生紙清潔便可，之後還可以重複使用。

**需時**
90分鐘，
另加風乾時間

**難易度**
中等

**實驗工具：**

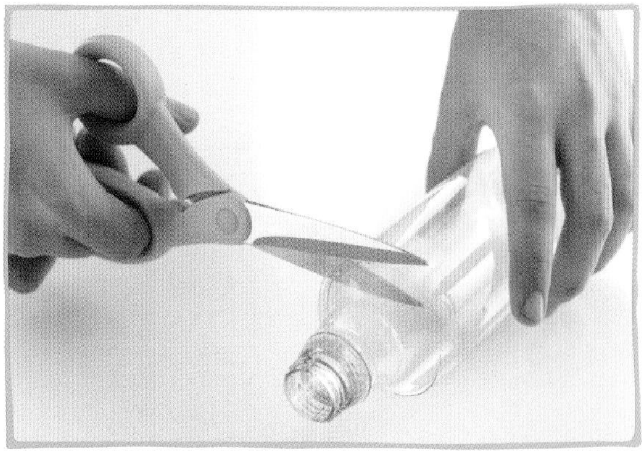

**1** 膠樽是火山中心，而切口是火山口。找大人幫忙小心地剪走膠樽的頂部，這樣你就能較容易放入材料，而這些材料在實驗期間會再噴發出來。

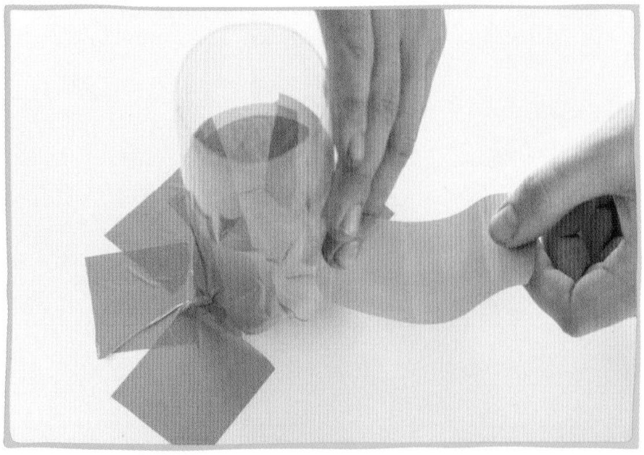

**2** 用幾片封箱膠紙，將膠樽固定在大卡紙中央，之後就可以圍繞膠樽建造火山錐了。

拉緊封箱膠紙，確保紙團不會移動。

**3** 將數張報紙捏成硬實的紙團。將紙團圍繞膠樽擺放，火山的底部要比山腰闊大。用膠紙將紙團牢牢黏着卡紙和膠樽。

**4** 用報紙製造火山錐。首先，要撕下50條以上的報紙條，每條約2至3厘米闊。

每次加入少量麪粉。

**5** 將麪粉倒入盛了水的碗中，用勺子拌勻。繼續加入麪粉，直至粉漿能稍為流動而不太稀（稠度跟班戟麪糊差不多），請留意你不必用光所有麪粉。

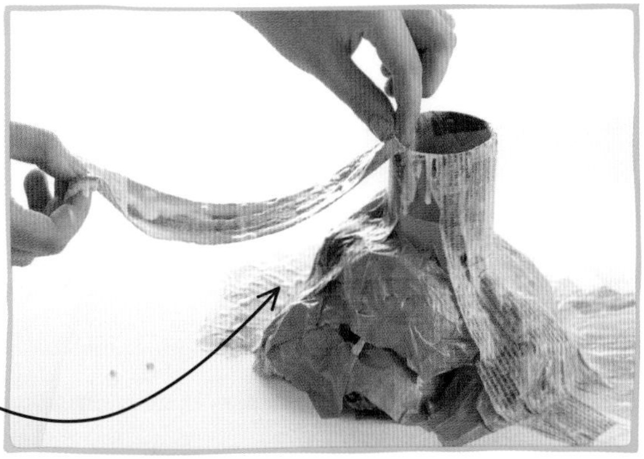

將報紙條互相交疊，做出想你要的形狀。

**6** 這個粉漿可令紙條具有黏性。將紙條放進粉漿，之後掃除多餘的粉漿，將紙條鋪在紙團上。撫平紙條，讓它們能黏着卡紙及深入火山口內。

**7** 火山錐已建成了，粉漿需要一些時間才能乾透和變硬。將火山錐放在温暖的地方靜置一晚。

粉漿乾透後，就可以上色。

真正的**火山錐**是由熔岩**冷卻變硬**而形成的。

8 將火山錐塗成深啡色，但山腳先留空。如果沒有啡色顏料，可以混合紅色、綠色和藍色。你還可給火山錐加點沙粒，營造砂礫的質感。

將火山放在溫暖的地方，讓顏料能儘快乾透。

9 將山腳和卡紙塗上綠色，代表草地或叢林。火山口附近可塗上紅色，讓它看起來像熾熱的熔岩。

10 這個步驟可能有點凌亂，請小心別弄污環境及衣物！將以下材料依次倒進火山口，完成後用勺子拌勻。

倒入40毫升洗潔精。

倒入40毫升溫水。

倒入約50毫升黑醋。

最後，加入幾滴紅色食用色素。

11 在火山口加入2至3茶匙的小蘇打粉，等候數秒。準備好相機，因為火山即將爆發！

混合物會從火山口流出。

充滿氣泡的液體傾瀉到火山的斜坡上，猶如真正的火山爆發，熔岩流淌下來！

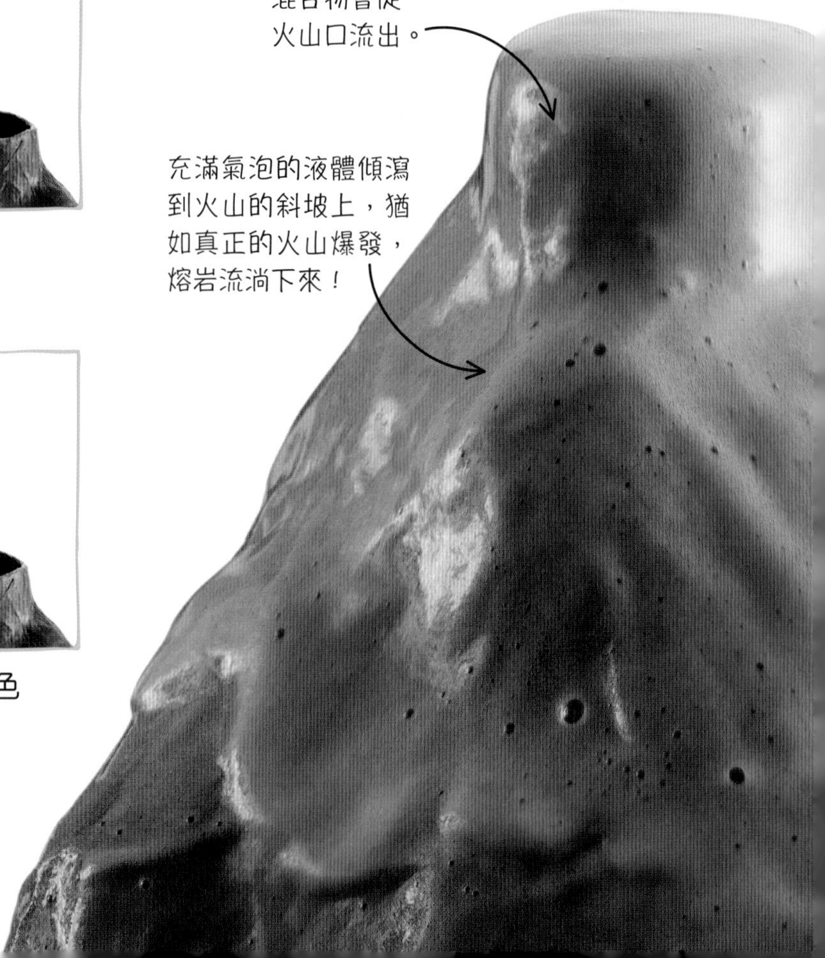

## 延伸實驗

第一，除了用粉漿在卡紙上做火山錐，你也可以用泥土在木頭上堆出火山錐。做法是在泥土堆的頂部留一個洞口，將一個膠杯埋進去，再把熔岩材料放到杯中。第二，你可以使用大量黑醋和小蘇打粉，製作加強版的火山大爆發；留意小蘇打粉最後放，不用與其他材料拌勻。第三，可樂含有磷酸，可以用它來代替小蘇打粉。

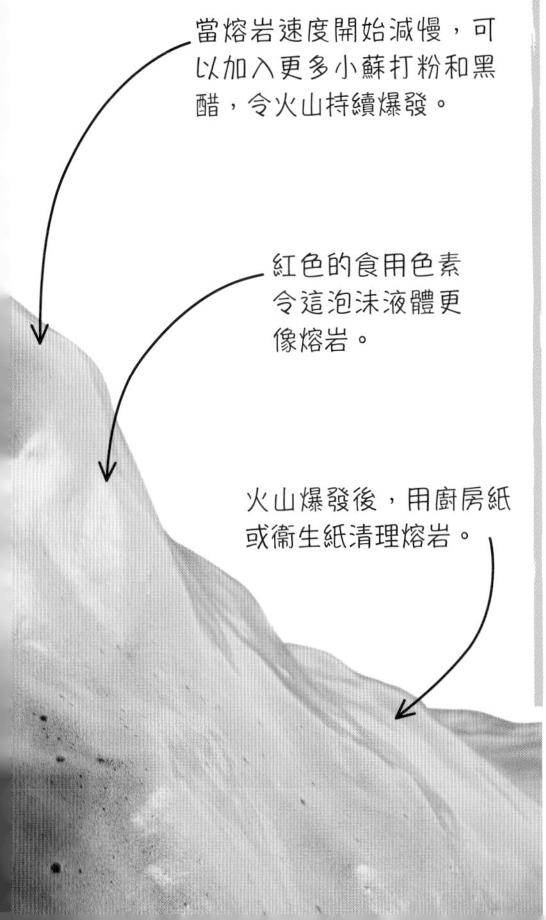

當熔岩速度開始減慢，可以加入更多小蘇打粉和黑醋，令火山持續爆發。
紅色的食用色素令這泡沫液體更像熔岩。
火山爆發後，用廚房紙或衞生紙清理熔岩。

## 運作原理

小蘇打粉是碳酸氫鈉，溶於水時呈弱鹼性，當它和醋（含醋酸）混合在一起，便會快速發生化學反應，產生大量二氧化碳氣體。氣體的小氣泡會困在熔岩混合物的洗潔精裏，形成大量泡沫，其佔用的空間多於液體材料，於是充滿氣泡的液體便從火山口噴出來，沿坡面流下。真正的熔岩裏也有許多細小的二氧化碳氣泡，熔岩冷卻變硬後，氣泡會被困在內。

## 現實中的科學

### 通古拉瓦火山

實驗中的火山形狀，稱為火山渣錐，例如圖中位於南美洲厄瓜多爾的活火山便是這類火山。火山爆發時，熔岩和火山灰會向下流。熔岩冷卻凝固，在山丘上形成另一層岩石，令火山錐越來越大。

### 火山內部

火山有不同類型，但每種火山內都同樣有岩漿房，儲存着許多岩漿。當地底的壓力增加，岩漿就會被推向火山中間的管道，從火山口噴出，形成熔岩。

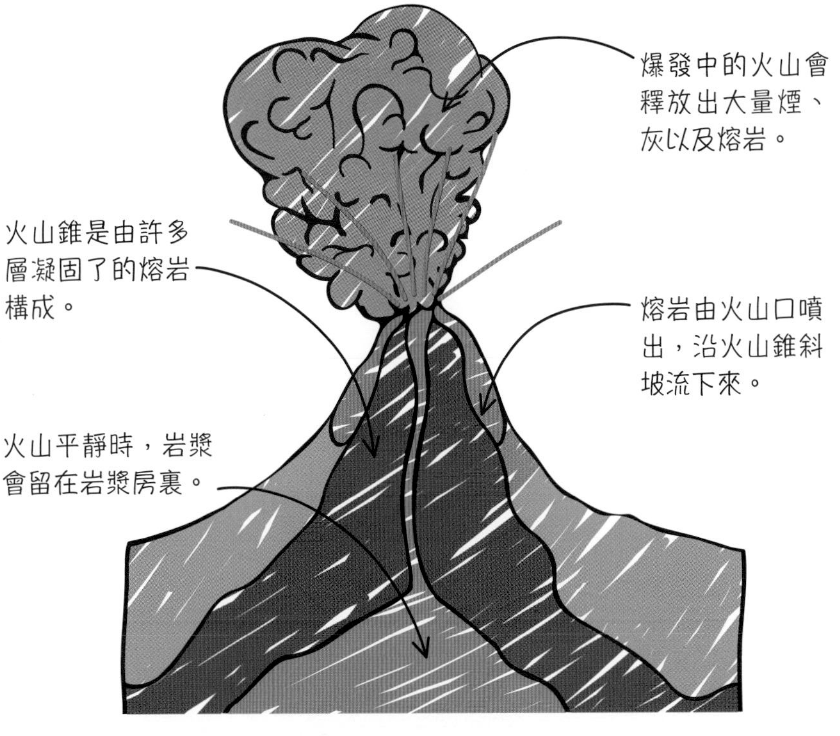

爆發中的火山會釋放出大量煙、灰以及熔岩。
火山錐是由許多層凝固了的熔岩構成。
熔岩由火山口噴出，沿火山錐斜坡流下來。
火山平靜時，岩漿會留在岩漿房裏。

# 風速計

風速可以怎樣測量？烈風和微風的分別，只在於風速。氣象學家會研究天氣，他們利用風速計來測量風速。你也可以輕易地自製一個風速計，跟家人或同學報告天氣！風速計有不同款式，但大部分都有幾個用來捕風的杯子，就像這個模型所顯示的紙杯一樣。

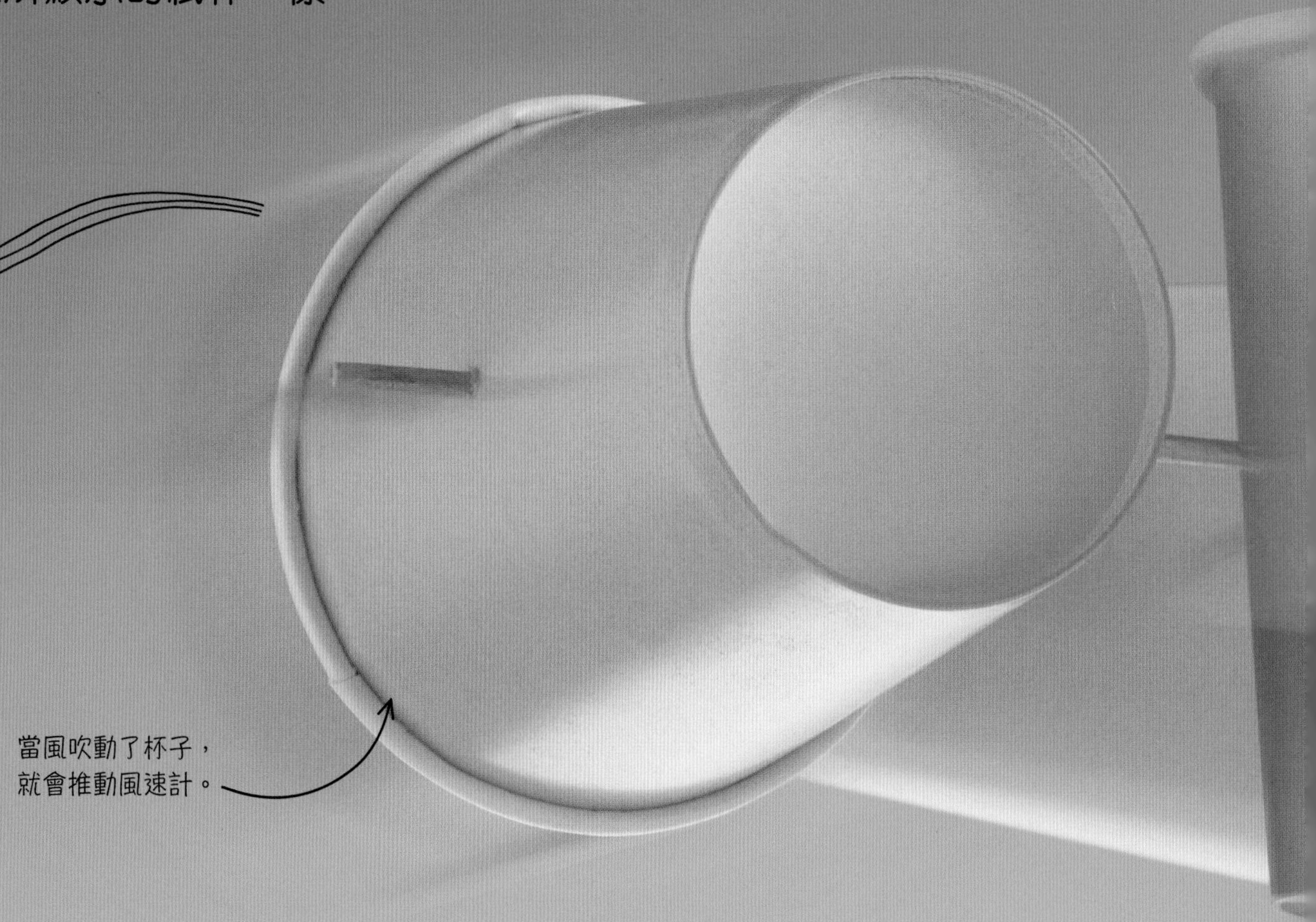
當風吹動了杯子，
就會推動風速計。

## 量度風速

這種風速計稱為魯賓遜風速計，被風吹動時會繞圈子轉動。氣象站設有感應器，自動量度風速計旋轉速度，但你用紙杯做的風速計就要自己數算旋轉次數了。

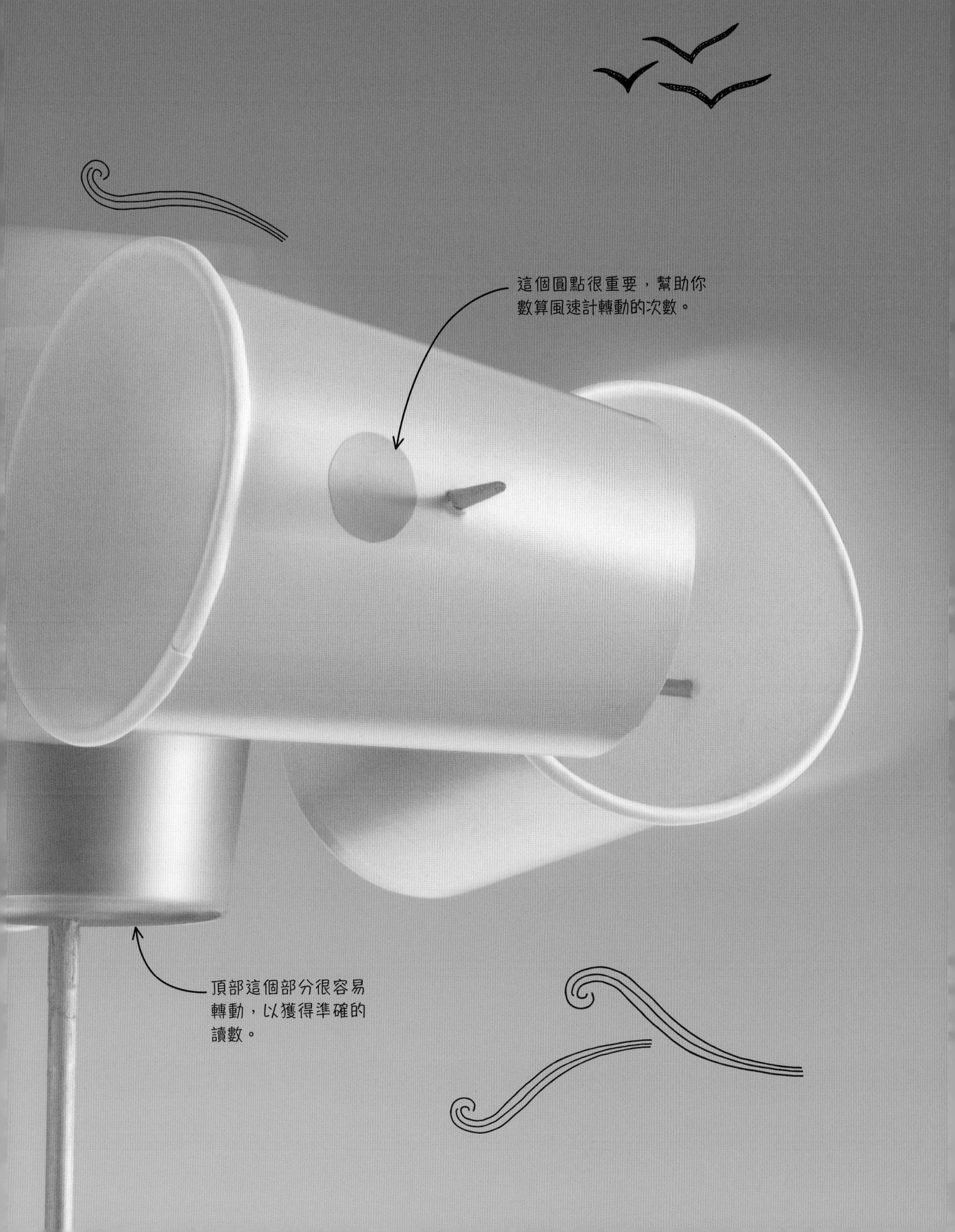
這個圓點很重要，幫助你
數算風速計轉動的次數。
頂部這個部分很容易
轉動，以獲得準確的
讀數。

# 如何製作風速計？

風速計要運作暢順，一定不能搖晃。你可以將風速計固定在枱上，或只是用手拿着，並務必在通風的地方進行實驗，密室可不行啊！若要觀察風速，可留意貼了標記的杯子，數算它每分鐘轉了幾個圈，然後記下不同日子和地點的轉動次數。

**需時**
20分鐘

**難易度**
中等

**實驗工具：**

6個紙杯

3枝竹簽

吸管

萬用黏土

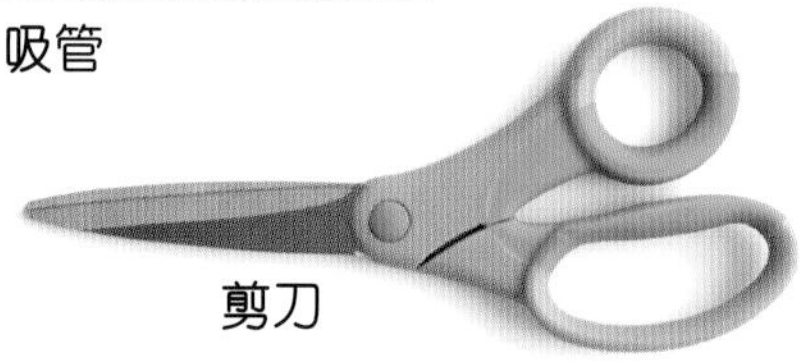

剪刀

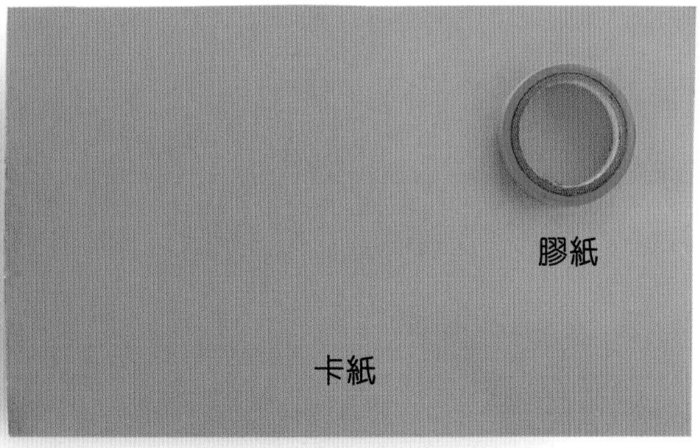

**1** 將吸管剪成10厘米長，不需要彎曲部分。然後，將吸管其中一端一開為四，每節長約2厘米。

**2** 將吸管四節開口向外翻起90度，用萬用黏土固定在杯底。吸管保持垂直。

3 將兩枝竹簽呈十字形，貫穿紙杯，小心別讓竹簽刺傷手！檢查兩枝竹簽是否成直角。

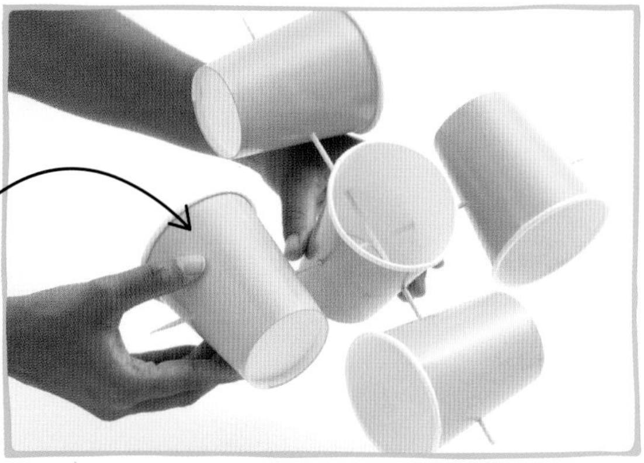

上下轉動杯子，令它們方向一致。

4 把另外四個紙抔分別插在十字竹簽上，杯口方向要一致。

5 在卡紙上剪出圓形，將萬用黏土貼在上面。把一枝竹簽穿過最後的紙杯的杯底，將竹簽插進黏土，把杯子放到圓形卡紙上，用黏土固定。

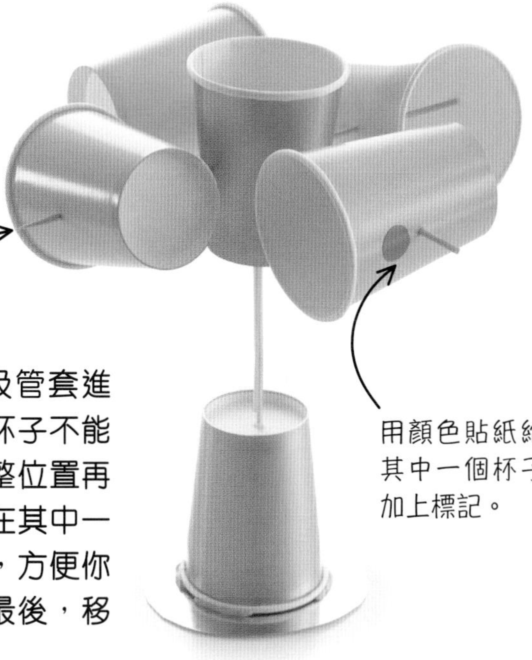

安全起見，完成後剪掉竹簽的尖刺。
用顏色貼紙給其中一個杯子加上標記。

6 將步驟4杯底下的吸管套進竹簽。如果捕風的杯子不能保持水平，可以調整位置再用萬用黏土黏着。在其中一個杯子上貼上標記，方便你數算轉動的次數。最後，移步到室外進行實驗。

## 運作原理

當風吹來，會推動其中一個杯子的杯口，以及對面杯子的杯底。迎風的杯口所受風力較大，令風速計轉動，帶動另外一組杯子旋轉。風速越高，杯子每分鐘的轉動周數就越多。

## 現實中的科學

### 風力發電機

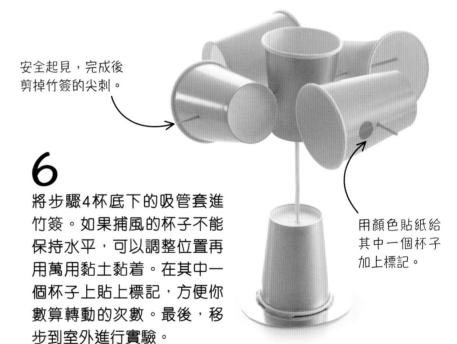

風力之強，足以產生能量，轉動巨型的風力發電機。風力發電機把風的動能轉化成為電能，為家居、學校、辦公室和工廠供電。如果風速增加1倍，所增加的能量不止雙倍，而是8倍呢！

# 詞彙表

**acid 酸**
這種物質溶於水會產生帶正電的氫離子，常見為檸檬汁和醋。

**air resistance 空氣阻力**
當物件在空中移動，一種施加在物件上，與移動方向相反的力。

**atom 原子**
元素裏最小的單位。

**attraction 引力**
將物件拉在一起的力。

**bacteria 細菌**
在顯微鏡下才看得見的單細胞生物。有些細菌能致病，但大部分都是無害的。

**base 鹼**
一種與酸起化學反應，並生成水和鹽的物質。

**bond 鍵**
一種將原子和分子等細小粒子拉在一起的力。

**carbon dioxide 二氧化碳**
存在於空氣中的氣體化合物。人體會呼出二氧化碳作為廢氣。

**cell 細胞 / 電池**
1. 細胞：生物中的最小單位。動植物由億萬個細胞組成。
2. 電池：一種化學裝置，是電池組的一部分。

**cellulose 纖維素**
一種化合物，在植物的細胞壁上形成堅韌的纖維。

**chemical 化學品**
一種與其他物質結合時，會產生變化的化合物或元素，可以呈現為液體、固體或氣體。

**circuit 電路**
完整而閉合的路徑，讓電流得以通過。

**compound 化合物**
由兩種或以上的元素以固定質量比例透過化學鏈結合在一起的物質，例如水由氫氣和氧氣組成。

**compression 壓縮**
一種擠壓力，例如建築物的承重材料會承受擠壓力。

**conductor 導體**
一種容易傳熱或傳電的物質。

**crystal 晶體**
固體中原子或分子透過鍵（即拉力）形成的固定排列。

**density 密度**
指特定體積裏的質量。

**DNA 脫氧核糖核酸**
一種存在於所有生物細胞裏的化合物，裏面包含了掌控人類、動植物外觀和功能的編碼指令（基因）。

**electric current 電流**
電荷的流動。

**electron 電子**
原子裏帶負電荷的細小粒子。

**element 元素**
由一種原子組成的物質，無法透過化學反應分拆成更簡單的物質。

**energy 能量**
能量有不同形式，透過不同的能量轉換器，可以把一種形式的能量轉變為另一種形式的能量，幫助人們完成不同工作。

**evaporation 蒸發**
液體轉為氣體的過程，通常因為溫度上升所致。

**filtration 過濾**
透過將混合物放進過濾器，把固體從液體裏移除的過程。

**fossil 化石**
遠古動植物死後，保存在岩石裏的殘骸或痕跡。

**gene 基因**
在每個活細胞中攜帶遺傳信息的基本物質單位，基因由DNA的基對組成，能決定一個人的天賦特質，例如眼睛的顏色、身高等。

**genome 基因組**
生物體內所有基因所攜帶的完整信息。人類的基因組約由20,000個基因組成。

**glucose 葡萄糖**
植物進行光合作用時產生的化合物，是一種可以作為能量使用的糖。

**gravity 重力**
兩件物件之間的引力。重力讓你站在地上，不會四處飄浮。

**helix 螺旋形**
像旋轉樓梯蜿蜒的形狀。DNA分子呈雙螺旋形結構。

**insulator 絕緣體**
熱能及電流都難以通過的一種物質。

**ion 離子**
離子分為正離子及負離子。一個原子失去電子會變成帶正電的粒子，稱為正離子；一個原子接受電子會變成帶負電的粒子，稱為負離子。

**LED 發光二極管**
一種電子組件，電流通過時會亮起。

**mass 質量**
量度物件含有多少物質在內。

**matter 物質**
構成宇宙的東西。

**micro-organism 微生物**
任何在顯微鏡下才看得見的生物，例如細菌。

**mineral 礦物質**
一般存在於地底的天然物質。礦物質有數百種類型，岩石也是由礦物質組成。

**mixture 混合物**
由兩個或以上的化合物或元素組成的物質。

**molecule 分子**
由兩個或以上由鍵（拉力）連結的原子。

**neutron 中子**
原子裏不帶任何電荷的細小粒子。

**non-Newtonian fluid 非牛頓流體**
這種液體會因應所承受的力度而改變形態或移動狀態。

**orbit 軌道**
行星、彗星或小行星圍繞太陽轉運的路徑，或月球圍繞地球的路徑。重力會令這些星體留在軌道上。

**oxygen 氧**
元素之一，也是空氣裏的氣體。地球上大部分生物都需要氧。

**photosynthesis 光合作用**
綠色植物運用太陽的能量，透過二氧化碳和水來製造食物的過程。

**phototropism 向光性**
植物轉向陽光生長的特性。

**pressure 壓強**
從垂直方向作用在物體表面上每單位面積的力，從科學定義來説不是一種力，而是由力產生的效果。

**protein 蛋白質**
對維持生命非常重要的化合物。蛋白質構成皮膚和頭髮，而一系列維繫生命的功能都有賴蛋白質。

**proton 質子**
原子裏帶有正電荷的細小粒子。

**repulsion 排斥**
將東西互相推開的力。

**solution 溶液**
由兩種或以上的物質混合而形成穩定的液體，例如鹽加入水變成鹽溶液。

**stalactite 鐘乳石**
懸掛在洞穴頂部、冰柱形的結構，由沉澱在水滴裏的礦物質慢慢形成。

**stalagmite 石筍**
在洞穴中，由地面長出來的石柱，由沉澱在水滴裏的礦物質慢慢形成。

**static electricity 靜電**
在失去或獲得電子的物件上積累了電荷。

**streamlined 流線形**
為了減低液體或氣體的阻力而設計的獨特外形。

**sugar 糖**
眾多帶有甜味的化合物之一，例如葡萄糖。

**surface tension 表面張力**
一種拉緊液體表面的力，由原子或分子之間的吸引力所致。

**tension 張力**
一種拉力，例如大廈或橋樑使用鋼纜所施加的拉力。

**transpiration 蒸騰作用**
水分經植物莖部的管道輸送到葉子，然後在葉子的小孔洞蒸發成水蒸氣的過程。

**ultraviolet radiation (UV) 紫外幅射**
一種波長比紫色光更短的電磁波，人類無法用肉眼看見。

**virus 病毒**
顯微鏡下才看得見的非生物粒子，比細胞更細。病毒會入侵活細胞來繁殖，引致疾病。

**viscosity 黏度**
阻止液體改變形狀的阻力。以蜜糖為例，它濃稠黏結，黏度很高，流動得很慢。

**voltage 電壓**
量度推動電子在電路中移動的力。

**volume 體積**
被某物佔據或包覆的立體結構大小。

**water vapour 水蒸氣**
水的氣態形式。當水達到沸點（攝氏100度）時，便會由液態變成氣態。由於水蒸氣體積太細小，人類無法用肉眼看見。

# 中英對照索引



## 鳴謝


**謹向以下人員致謝，感謝他們在籌備本書時提供的協助：**
Nandkishor Acharya, Rajesh Singh Adhikari, Shahid Mahmood, Mary Sandberg, and Sachin Singh for design assistance; Steve Crozier and Phil Fitzgerald for retouching; Niki Dirnberger for editorial assistance; Sean Ross for illustrations and testing the experiments; Edwood Burn for illustration assistance; Jackie Brind for indexing; Ruth O'Rourke for proofreading; Laura Gardner, Tessa Jordens, Max Moore, Priscilla Nelson-Cole, and Abi Wright for hand modelling; Lorna Rhodes, home economist, for her help with the baked Alaska experiment; Dan Gardner for testing assistance.

**謹向以下單位致謝，感謝他們允許使用照片：**
(Key: a-above; b-below/bottom; c-centre; f-far; l-left; r-right; t-top)

**13 Alamy Images:** Simon Perkin (br). **23 Getty Images:** ra-photos / E+ (bl). **27 Getty Images:** Imstepf Studios Llc / DigitalVision (cb). **33 Corbis:** Ashley Cooper / Terra (br). **43 Getty Images:** Andrew Brookes (br). **49 Dreamstime.com:** Bob Phillips - Digital69 (br). **55 Dreamstime.com:** Katja Nykanen - Catyamaria (br). **73 Getty Images:** CT757fan / E+ (crb). **77 Alamy Images:** Travelscape Images (crb). **91 Dreamstime.com:** Monthian Ritchan-ad - Thailoei92 (cb). **97 Getty Images:** Doug Armand / Photographer's Choice (crb). **103 Getty Images:** LatitudeStock - Emma Durnford / Gallo Images (crb). **107 Dreamstime.com:** Ivangelos (bc). **113 Getty Images:** Geraldo Caso / AFP (clb). **123 Science Photo Library:** Martyn F. Chillmaid (bc). **127 Dreamstime.com:** Buurserstraat386 (bc). **133 Alamy Images:** Mint Images - Frans Lanting (crb). **137 Getty Images:** National Geographic Magazines (crb). **143 Dreamstime.com:** Lyudmila6304 (clb). **147 Press Association Images:** Pablo Martinez Monsivais / AP (bc). **153 Getty Images:** Sebastián Crespo Photography (ca). **157 Alamy Images:** Ryan McGinnis (bc).